하버드 키즈 상위 1퍼센트의 비밀

듣기, 말하기, 읽기, 쓰기에 몰입하라

하버드 키즈
상위 1퍼센트의 비밀

남궁용훈 지음

HARVARD KIDS

태인문화사

　　창업 컨설팅을 하다 보면 아쉬운 점이 많습니다. 자꾸 전통사업만 고집하는 경우입니다. 치킨집, 식당, 학원만을 고집합니다. 사업의 경계가 허물어지고 사라지는 4차 산업혁명 시대에 이분들은 융합적 사고를 하지 못하고 왜 과거의 전통사업만을 고집하는 걸까요? 저는 듣기, 말하기, 읽기, 쓰기 교육을 제대로 받지 않아서라고 생각합니다.

　　지금까지의 학교는 생산의 시대에 인간을 계산기가 되도록 교육했습니다. 생각할 필요 없이 시키는 대로 계산만 하면 높은 점수를 얻었습니다. 생각하는 훈련을 받지 않았으니 남이 정해놓은 길만 가려 합니다. 다른 길은 보이지도 않고, 도전하기도 겁이 납니다. 저 또한 이런 교육을 받고 남이 정해놓은 길을 따라 걸었었습니다.

　　그 길을 벗어나게 한 것은 독서와 글쓰기였습니다. 듣기, 말하기, 읽기, 쓰기, 특히 읽기와 쓰기는 창조적 융합 사고를 일으킵니다. 지금이라도 《하버드 키즈 상위 1퍼센트의 비밀》

이 나온 것은 어찌 보면 다행이라고 생각합니다. 이 책이 어두운 길 속에서 헤매고 있는 부모와 아이들에게 등불이 되리라 생각합니다.

신재환 창업컨설턴트, 《챌린지노마드》의 작가

60이 넘은 나이에도 억대 강사를 할 수 있는 힘은 무엇일까요? 그것은 아들을 향한 지극한 엄마의 사랑이 아니었을까요?

어느 날 이혼한 남편이 데리고 간 아들에게서 전화가 왔습니다. 수술을 해야 하는데 돈이 없다는 것이었습니다. 정신이 바짝 들었습니다. 아들을 살려야겠다. 하지만 수중의 돈은 수술비에 턱없이 부족했습니다. 돈을 벌 수 있는 방법은? 강사밖에 없다는 생각에 이리 뛰고 저리 뛰고 한 지 2년, 아들의 수술비를 넘어 60이 넘는 나이에 억대 연봉을 버는 강사가 되어 있었습니다.

제 성공 요인은 두 가지로 나눠 볼 수 있는데 첫번째는 아들에 대한 지극한 사랑입니다. 두 번째는 아들에게 공부하고 노력하는 엄마의 모습을 보여 주기 위해 아이와 함께 독서하고 연구 논문을 쓴 글쓰기가 바탕이 되었습니다.

지금의 젊은 엄마들의 사랑이 저보다 더하면 더했지 모자라지 않다고 생각합니다. 《하버드 키즈 상위 1퍼센트의 비밀》은 엄마와 아이가 행복한 추억을 쌓는 방법을 가르쳐 줄니다. 엄마와 아이가 제 블로그 '행복누리캠퍼스'의 이름처럼 듣기, 말하기, 읽기, 쓰기로 행복한 추억을 만들어 가면 좋겠습니다.

안현숙 《60대 시작한 억대 연봉 강사 할머니가 온다》의 저자, 행복누리캠퍼스 대표

강의 시작 전 엄마들에게 영상을 보여 줍니다.

다섯 살 난 아이가 노는 영상으로 시작합니다. 아이의 행동이 과격해지며 엄마에게 대들고 소리칩니다. 심지어 때리기까지 합니다. 충격적 영상에 강의장의 잡담이 사라집니다. 엄마들은 영상에 시선을 고정합니다. 표정은 점점 굳어 갑니다.

저는 이때를 놓치지 않고 강의를 시작합니다. 아이가 왜 이런 행동을 하는지, 아이는 얼마나 아팠는지, 잘못된 엄마와 아이의 관계를 풀어 갑니다. 강의 끝부분에 가면 엄마들의 눈가에는 눈물이 고여 있습니다.

부모들의 잘못된 인식과 지식이 되려 아이를 아프게 합니다. 심지어 자녀와 부모 사이에 돌이킬 수 없는 깊은 상처를 만들기도 합니다. 더 가슴 아픈 사실은 아이를 위한 사랑의 행동이 아이와 자신에게 상처를 계속 입혀왔다는 사실입니다. 아이들을 위한 동화 구연가로서 가슴 아픈 일이 아닐 수 없습니다.

《하버드 키즈 상위 1퍼센트의 비밀》은 정확한 지식으로 부모가 올바르게 사랑하는 방법을 가르쳐 줍니다. 듣기, 말하기,

읽기, 쓰기가 교육이 아닌 사랑을 나누는 방법이라는 것을 일깨워 줍니다. 책 속의 글처럼 동화를 함께 읽으며 아이와 함께 피터팬의 나라 네버랜드로 여행을 떠나시기 바랍니다.

이연순 독서코칭전문가, 동화구연가, 46년 동화구연 전문단체 (사)색동어머니회 이사장

열심히 달리는 청년에게 묻습니다. "지금 어디로 뛰어가고 있는가?" 밤을 새서 공부하는 학생에게 묻습니다. "너에게 공부는 무엇인가?" 지금까지 달려왔고, 남들도 달리고 있고, 그래서 앞으로도 계속 달려야 하므로 어디로 가는지 생각해 본 적이 없다고 합니다. 어젯 밤도 꼬박 새웠기에 계속 밤을 새울 것이고, 남들도 다 그렇게 밤새워 외우고 있기에 공부가 무엇인지 생각하는 것 자체가 사치라고 하는 그들에게 저자는 '스톱'을 외치고 있습니다. 잠시 멈추어 생각하길 요구합니다. 뒤처지는 것 같은 조급함에서 더 자유로와지고, 더 창의적이며 더 행복하라고 이야기합니다. 우리는 지금 저자의 말을 들어야 합니다.

김형환 1인기업 국민멘토, 스타트경영캠퍼스 대표

뭐야, 이게 하버드 교육이야?

잔뜩, 기대했는데, 기대만큼 특별하지 않았습니다. 되려 아주 평범했습니다.

무슨 이야기일까요? 4차 산업혁명 시대에 아이를 어떻게 키워야 할까? 관련 자료를 조사하다가 하버드 교육방법까지 찾게 되었습니다.

그런데 하버드 교육방법은 이름값만큼 특별하지 않았습니다. 초등학교 때나 배워야 한다고 생각하는 듣기, 말하기, 읽기, 쓰기 시간이 전공 수업시간만큼 있었습니다. 쓰기는 졸업 때까지 무려 50kg의 종이를 사용할 정도로 연습한다고 합니다. 물론 쓰기 위해 듣기, 말하기, 즉 토론으로 자기 생각하는 시간을 갖습니다. 이상하지 않습니까? 어린이나 배워야 한다고 생각하는 듣기, 말하기, 읽기, 쓰기에 집중하다니요?

하버드대학교에서 글쓰기를 가르치는 소머스 교수는 논리적 글쓰기 능력은 사회 전 분야에 꼭 필요한 능력이고, 논리적 글쓰기는 생각하는 인재를 양성하기 위해 반드시 가르쳐야 한다고 말합니다. 하버드는 세계 리더의 산실입니다. 리더는 말하기와 글쓰기로 자기 생각을 표현합니다. 많은 지식을 가지고 있더라도 융합하고, 정리하여 표현하지 못하면 아무 소용이 없습니다. 창의, 융합, 공감, 소통은 4차 산업혁명시대에 더욱 중요해진 능력입니다. 로마시대부터 미래까지 관통하는 능력입니다. 하버드의 교육은 특별하지 않습니다. 기초에 충실합니다. 충실한 기초가 하버드를 세계 대학으로 만들고 하버드 졸업생들은 세계를 움직이고 있습니다.

　이 책을 읽고 듣기–말하기–읽기–쓰기를 함께한다면, 여러분의 아이들도 오늘부터 하버드 키즈입니다. 외풍에 당당히 맞서는 강한 아이가 됩니다.

2022년 초겨울
남궁용훈

차례

들어가는 글

1장 하버드 언어교육이 지금 필요한 이유

2장 하버드 키즈 부모들의 절대 원칙 6가지

1장
하버드 언어교육이
지금 필요한 이유

1

〈히든 피겨스〉의 숨겨진 교훈 두 가지

우주로 올라간 어린 동반자

카자흐스탄 바이코누르 우주기지.

기술자들은 차트의 항목에 따라 점검을 시작합니다. 볼트 연결 상태, 연료량 상태, 정상 압력 등을 확인합니다. 전기 담당자들은 계기판의 버튼을 눌러 정상적으로 작동하는지 확인합니다. 램프의 불이 들어옵니다. 들어오면 정상입니다. 혹시나 하는 마음으로 다시 한 번 작동 점검을 수행합니다. 다시 불이 들어옵니다. 작은 방심이 3년의 준비 기간을 헛된 결과로 바꿀 수 있습니다. 묵직한 긴장감이 이들의 어깨를 누릅니다.

세르게일 코롤료프Sergei Korolev는 상황실에서 전체적인 상황을 지켜봅니다. 그동안 자신을 따라준 기술자들이 고맙습니다. 창밖에 서 있는 R-7, 3단 로켓[1]을 올려 봅니다. 듬직한 로켓, 핵탄두를 장착하고 미국까지 공격이 가능한 대륙간탄도미사일, 저 미사일을 이용하여 우주에 위성을 보낸다는 것에 한 껏 자부심이 차오릅니다.

　로켓에는 83.6kg의 조그마한 인공위성 '스푸트니크 1호'가 실려 있습니다. 러시아어로 '어린 동반자'라는 뜻입니다. 인간 이 처음으로 우주에 보내는 위성입니다. 세르게이 코롤료프는 이 위성이 아들같다는 생각에 이름을 '어린 동반자'로 지었습 니다.

　세르게일 코롤료프는 1957년 10월 4일을 발사 예정일로 정합니다. 이날은 소비에트 공화국 우주개발의 선구자인 콘 스탄틴 치올콥스키의 탄생 100주년이 되는 날입니다. 세르게 일 코롤료프는 이날을 맞추기 위해 무조건 달렸습니다. 위성 제작이 발사 날짜에 맞추기 어려워지자 설계도 단순하게 바 꿉니다.

　자본주의든 사회주의든 시간은 똑같이 흐릅니다. 어느덧 1957년 10월 4일 19시 28분 24초가 되었습니다. 완벽히 준비된 것을 확인한 그는 발사 카운트를 지시합니다. 10, 9, 8, 7, 6, 5, 4, 3, 2, 1 점화, 발사 시간은 1957년 10월 4일 19시 28분 34초(국 제표준시)였습니다.

　구름 같은 흰 연기와 용암 같은 붉은 불이 로켓에서 쏟 아집니다. 로켓의 육중한 몸이 파란 하늘에 하얀 선을 남기 며 날아오릅니다. 로켓은 1, 2, 3단 로켓을 떨어뜨립니다. 지 름 58cm의 원통형 몸의 '어린 동반자'는 기지개를 켜고 나옵니다. 가늘고 긴 4개의 안테나가 활짝 펴집니다. 검은 우주에 홀로 나온 코롤료프의 아들 '어린 동반자', 스푸트니크 1호는 지구의 아버지에게 우주에 도착했다고 신호를 보냅니다.

'삐, 삐, 삐.'

'어린 동반자'는 22일 동안 0.3초의 간격으로 지구에 자신의 목소리를 보냈습니다. 시간이 지나며 배터리가 줄자 '어린 동반자'의 목소리도 점점 작아졌습니다. 홀로 3개월 동안 쓸쓸한 우주비행을 마친 '어린 동반자'는 대기권에 재진입합니다. 이때가 1958년 1월 4일, '어린 동반자'는 붉은 불빛과 함께 불타 버립니다.[2] '어린 동반자'에게는 짧은 생애였습니다.

하지만 이 어린 친구는 미국인들에게 엄청난 공포를 안겨 주었습니다.

〈스푸트니크〉 쇼크

그동안 믿어 오고 신봉했던 모든 것이 허물어지고 깨지는 순간이었습니다. 장거리 미사일 같은 무기 체계와 과학 기술은 자신들이 앞서 있다고 자부하던 미국이었기에 큰 충격을 받았습니다. 우주에 위성을 쏘아 올렸다는 건 러시아(옛 소련)가 미국 본토에 닿을 수 있는 강력한 미사일을 가지고 있다는 증거입니다. 언제 미사일 공격을 받을지 몰라 미국은 두려움에 떨어야 했습니다.

당시 미국 대통령인 아이젠하워는 급하게 미국항공자문위원회 나카NACA를 미국항공우주국 나사NASA로 개편하는 법안에 서명합니다. 미국 최초의 유인 우주비행 탐사 계획이 1958년 7월 시작되었습니다. 계획 이름은 로마신화의 신 머큐리(수성)로 정했습니다. 육군, 해군, 공군에서 7명의 우주비행사 후보자를 뽑았습니다. 이들은 미국에서 처음으로 우주로 나가는 사람이 되었습니다.

〈히든 피겨스〉의 숨겨진 교훈

지금까지 영화, 〈히든 피겨스〉(숨겨진 영웅들)의 배경이 된 앞 이야기를 했습니다. 영화는 머큐리 계획이 어떻게 진행되었는지 잘 보여 주고 있습니다. 머큐리 계획의 숨겨진 영웅, 천부적인 수학 능력을 가진 캐서린 존스와 나사 내 흑인 여성들의 리더인 도로시 본의 치열한 삶을 보여 줍니다.

캐서린 존슨과 도로시 본은 백인 연구원들이 주는 복잡한 계산을 여러 명이 계산하는 계산원이었습니다. 철저한 실력 제일주의자인 나사 STG부장 알 해리스는 캐서린 존슨의 능력을 알아보고 그녀를 STG Space Task Group 계산 검토원으로 배정합니다. 알 해리스는 캐서린 존슨을 통해 나사 내의 인종차별을 알게 되어 나사 내의 유색 인종차별을 철폐합니다.

이런 차별과 어려움 속에서도 캐서린 존슨은 묵묵히 자기 일을 합니다. 아무도 못하던 우주선 재진입 궤도를 계산하는 공식을 오레오 공식을 통해 만듭니다. 필요한 공식과 데이터가 나오자 캐서린 존슨은 용도 폐기됩니다. STG에서 다시 계산원으로 자리를 옮깁니다.

그 후 IBM이라는 컴퓨터가 나사에 설치되어 계산원들이 쓸모 없어집니다. 계산원들은 해고 위기에 몰렸습니다. 이때 미래를 보는 도로시 본의 노력으로 다들 프로그래머로 재고용됩니다.

머큐리의 초도 발사체가 완성되어 1961년 5월 5일 앨런 셰퍼드를 태운 머큐리 3호가 발사를 기다립니다. 실화를 다루는 영화라 긴장감이 떨어지지만 이 부분이 영화의 하이라이트입니다.

문제가 생겼습니다. IBM 컴퓨터가 계산한 재진입 위도와 경도 값이 어제 것과 오늘 것에 차이가 났습니다. 미국 최초로 인간을 우주로 보내고 다시 대기권으로 재진입시켜야 합니다. 누구도 해 본 적이 없습니다. 재진입 위도와 경도가 조금이라도 다르면 어떤 일이 벌어질까요? 우주선 셔틀이 대기권에서 타 버리거나, 생각지 못한 곳에 떨어져 우주비행사의 생

18

명을 구할 수가 없습니다.

다시 컴퓨터로 계산하면 되지 않느냐고 물을 겁니다. 결론은 '안 된다'입니다. 그 당시 컴퓨터는 우리가 생각하는 키보드로 프로그램을 입력하지 않았습니다. 천공카드라는 것에 사람이 일일이 구멍을 뚫고 컴퓨터에 입력했습니다. 8비트는 1바이트로 한 글자를 쓰기 위해서는 2바이트가 필요합니다. 글자 하나를 쓰기 위해 16개의 구멍을 틀리지 않게 뚫어야 했습니다. 이런 어려움에 다시 계산을 하려면 2일이나 3일, 심지어 일주일을 기다려야 합니다. 정확한 계산값의 확인을 위해 발사를 취소하거나 연기해야 했습니다. 알 해리스는 우주비행사 앨런 셰퍼드에게 전화합니다.

IBM 컴퓨터가 계산한 값, 두 개의 값이 일치하지 않으니 발사를 진행할지 취소할지 선택하라고 합니다. 우주비행사는 캐서린 존스를 신뢰한다며 망설임 없이 그녀에게 맡겨 보자고 합니다.

캐서린 존슨은 알 해리스의 말을 듣고 바로 칠판에 수식을 써가며 계산합니다. 잠시 뒤 그녀는 계산 값을 알려 줍니다. 우주선은 예상대로 발사합니다. 16분간 탄도 비행을 한 우주선은 안전하게 바다에 낙하합니다.

실화를 토대로 만든 영화답게 마지막에는 실제 그들의 모습을 하나하나 보여 주며 끝납니다.

영화의 주제는 다음과 같습니다.

유색 인종차별이 심했던 1960년대 미국. 주인공인 흑인 여인 3명은 실력으로 차별을 극복하고 우주로 로켓을 쏘아 올리는 데 이바지합니다. 담담하면서도 여운이 많이 남은 영화였습니다. 우리는 영화의 본 주제를 넘어 이면을 봐야 합니다. 영화의 제목 〈히든 피겨스〉(숨겨진 영웅들)란 뜻처럼 영화에 숨겨진 교훈을 찾아야 합니다. 숨겨진 교훈에 관해 이야기하기 위해 긴 이야기를 했습니다.

이 영화는 '지금 아이들이 배우는 것들은 사회에 나오면 필요 없는 무용지식이다. 기술의 진보는 양날의 검이다. 변화의 시대에 살아남기 위해서는 자발적 공부와 지속적인 공부가 필요하다'라는 교훈을 우리에게 가르쳐 줍니다.

다음 페이지로 설명을 이어가겠습니다.

2

아이들은 계산기가 되기 위해 공부한다

과거의 생체 컴퓨터 활용

우린 먼저 나사에서 수학 천재 캐서린 존스의 업무를 알아야 합니다. 그녀의 업무는 백인 연구원들이 계산한 계산 값을 다시 확인하는 전문 계산원입니다. 그럼 백인들이 계산한 것들은 무엇이었을까요? 그 당시는 물리량을 하나하나 손으로 계산하였습니다. 미사일을 따라 흐르는 공기층 분석과 셔틀에 창문을 달았을 때 공기의 흐름 분석, 미사일의 궤적 등을 인간의 머리로 계산했습니다. 그럼 이런 물리량을 어떤 수학 공식을 사용하여 계산하였을까요? 여러 가지 공식들이 있지만 대표적인 것이 미적분입니다.

캐서린 존스가 칠판에 함수를 써 가며 계산할 때 '아~ 미분, 적분이 이렇게 쓰였구나.' 하고 알았습니다.

머큐리 계획 시기가 1950년대에서 60년대로 넘어오는 시기입니다. 그때에는 변변찮은 계산기도 없었습니다. 전문 계산원들을 계산 값이 정확한지 검토하는, 즉 살아 있는 생체 컴퓨터로 활용했습니다. 캐서린 존슨은 아예 STG에 상주하며 활용됩니다.

나사에서 인간 계산원을 대신하기 위해 전기로 돌아가는 IBM 컴퓨터를 설치합니다. 이제 백인 연구원들이 계산한 값을 컴퓨터가 확인하게 되었습니다.

"진보는 양날의 검이야."

알 해리슨이 캐서린 존슨에게 말합니다. 그녀는 STG에서 다시 계산원 부서로 갑니다. 수학 천재가 한낱 인간 컴퓨터로만 활용되었습니다.

우리나라의 예도 있습니다.

신한대학교 교양학부 교수로 있는 김웅용 교수입니다. 이분은 5살 때 모국어 이외에 4개 국어를 말했고, 1967년 11월 2일 만 4세 때에는 일본의 후지 TV에 나와 미적분 문제를 척척 풀 정도의 신동이었습니다. 11살에 NASA 선임연구관으로 발탁되었습니다. 2014년 KBS '여유만만'에 출연했을 때 아나운서가 '왜? NASA 연구원을 그만두었는지' 물었습니다. 그는 이렇게 대답했습니다.

"계산 문제를 풀기 위해 하루 걸리는 컴퓨터에 집어넣느니 그냥 내가 계산하는 게 빨랐습니다. 풀면 다른 문제를 또 주었습니다."

NASA 연구원들에게는 컴퓨터보다 어린 김웅용이가 더 정확하고 빠른 계산기였습니다. 아이는 기계적인 암산만 계속 해야 했습니다. 김웅용 교수는 선임연구관이 아니라 동양의 살아 있는 컴퓨터로 활용된 것을 둘러서 말했습니다.

위의 두 사례를 종합하면 하나의 결론이 나옵니다.

'초기 컴퓨터 시기에는 사람의 계산이 컴퓨터 계산보다 빨 랐다. 이때까지는 미분, 적분을 빨리 계산하는 것이 인정받는 시대로 짧은 시간에 빨리, 정확하게 계산하는 것이 취업과 승 진에 중요한 요소로 작용했다. 창의와 융화, 화합, 이런 것 필 요 없었다. 이때에는 인간이 가지고 있는 계산 능력과 지식만 이 필요한 시대였다. 스스로 계산기, 컴퓨터가 된 인간이 취 업에 유리했다.'

지금 미분, 적분의 위상은 학생 줄 세우기

과거의 미분, 적분의 위상을 살펴봤습니다. 그럼 현재의 미분, 적분의 위상은 어떤 위치에 있을까요?

이 물음에 답할 때 우리는 미분, 적분은 무엇 때문에 배 웠고, 아이들은 무엇 때문에 미분, 적분을 공부할까? 또한 미 분, 적분을 배우는데 어디에 중심을 두고 배워야 할까를 함께 답해야 합니다.

'미분, 적분은 과학의 기초 및 논리력을 키우는 학문이다'라는 이유로 필요하다고 말하는 사람들이 있습니다. 그럼 아이들이 이 미분, 적분을 학문으로 공부할까요? 우리의 실상은 그렇지 않습니다. 교과서에서는 학문으로 가르치라 하지만 현장의 학습 환경은 아닙니다. 아이들에게는 미분, 적분이 학문으로서 다가오지 않습니다.

이공계 학생들이 말합니다.

"미분, 적분은 수능시험에서 아이들을 줄 세우기 위해 쓰인다."

학생들은 고등학교 때 미분, 적분 때문에 힘들었다고 토로합니다. 고등학교 이과 수업을 들은 나이 드신 분들도 같은 기억을 하고 있습니다. 계산기면 쉽게 풀릴 문제를 암기로 계산합니다. 한정된 시간에 누가 더 빨리, 더 많이, 더 정확하게 계산해 내는가? 더 빠른 인간 계산기가 되기 위해 밤을 새워 공부합니다.

지금의 계산기는 미분, 적분 계산이 가능합니다. 이공계 대학생들은 대학 미분, 적분 수업만 듣고 모든 것을 계산기로 계산합니다. 미분, 적분 원리를 알고 식만 세우는 능력만 있으면 됩니다. 시간이 걸리더라도 원리를 이해하고 천천히 풀 수 있는 능력만 있으면 됩니다. 이것이 학문적인 접근입니다.

마치 우리 아이들이 기계 인간이 되기 위해 먼 우주여행을 떠나는 '은하철도 999'의 철이 같다는 생각이 듭니다. 학문을 위한 공부가 아니라 5천 원짜리 계산기가 되려고 노력합니다. 남보다 빠르게 계산기가 되기 위해 밤낮없이 공부합니다. 엄마들은 아이를 중학교에서 고등학교 수학을 선행학습으로 3번 돌려 계산기가 돼야 안심합니다.

이렇게 열심히 공부한 지식이 수능이 끝나고 대학을 지나 사회에 나오면 과연 쓸모가 있을까요?

이구동성으로 '아니요'라는 대답을 합니다. 이 책을 읽는 독자들에게 묻겠습니다. 지금 내가 일하는 곳에서 미분, 적분을 사용하십니까? 다들 고개를 절레절레 흔드실 겁니다. 수능 시험을 준비하기 위해 심하면 초등, 중등, 고등까지 학원 다니며 배웠지만 정작 사용은 하지 않습니다. 써먹을 기회조차 없습니다. 이것은 미분, 적분만이 아닙니다. 영화와 관련하여 쉬운 예를 들어 설명했습니다.

3

무용지식을 가르치는 학교

우리는 무용지식을 배우고 있어요

불필요한 지식을 공부하는 현상에 대해 말한 석학이 있습니다. 지난 2016년 6월 27일, 87세 나이로 별세한 미래학자 앨빈 토플러Alvin Toffler입니다.

그는 이같이 말했습니다.

"한국의 학생들은 하루 15시간 동안 학교와 학원에서 미래에 필요하지도 않은 지식과 존재하지도 않을 직업을 위해 시간을 낭비하고 있다."

"현재 교육제도가 무용한데, 계속 존재하면서 다른 대안이 나타나는 것을 막는다는 사실이 답답하다."

이렇게 그는 한국의 교육방식을 비판하였습니다.[3,4] 그는 그의 저서 《부의 미래Revolutionary Wealth》에서 무용한obsolete과 지식knowledge을 합쳐 이렇게 낡아 쓸모없는 지식을 무용지식이라 하였습니다.

우리는 앨빈 토플러의 말처럼 졸업 후 사용도 못 하는 교육, 이미 필요 없다고 하는 교육을 대학을 가기 위한 평가의 기준으로 사용하고 있습니다. 하나의 예를 들겠습니다.

900만의 인구, 우리나라에 5분의 1밖에 안 되는 작은 나라, 세계 경쟁력 17위의 이스라엘이 있습니다. 국제 학업성취도 평가PISA에 따르면 이스라엘의 학업성취도는 하위 40퍼센트였습니다. 2015년 PISA 시험에서는 72개국 중 40위에 머물렀습니다. 세계적인 수준에서 한참 뒤처지는 편입니다. 하지만 세계경제포럼의 조사에 따르면 이스라엘은 인구 대비 가장 많은 스타트업을 보유하고 있고 혁신국가 순위에서도 3위를 하고 있습니다. 큰 반전입니다. 학업성취도는 낮은데 인구 대비 가장 많은 스타트업을 보유하고 있고 혁신국가 순위 3위라, 어떻게 된 일일까요? 학업성취도가 높은 나라가 더 높은 스타트업과 더 높은 혁신국가 순위에 들어야 한다는 상식에 거꾸로 역행합니다. 어떤 비밀이 있는 걸까요? 분명 숨겨진 비밀이 있습니다.[5]

답은 이스라엘 창의성의 비밀에 관해 분석한 책《후츠파》(창조와 혁신은 어디서 만들어지는가)에 나오는 내용을 보고 판단하시기 바랍니다. 다음의 글을 읽다 보면 숨겨진 비밀의 답을 얻게 됩니다.

"높은 시험 성적을 얻는데 필요한 지식과 기업가 및 혁신가로 성공하기 위해 갖춰야 하는 능력이 다르기 때문이다. 오늘날 우리는 4차 산업혁명 시대라 부를 만큼 급격한 변화가 일어나는 세상을 살고 있다. 세계경제포럼이 발표한 보고서에는 이런 내용이 포함됐다. '현대 사회의 기술 발전으로 많은 학술 분야의 핵심 교과과정이 전례 없이 빠르게 변화하고 있어 이공계열에 입학한 학생이 학사학위를 수료할 때쯤에는 1학년 때 학습한 지식의 약 50퍼센트가 이미 낡은 지식이 되는 지경에 이르렀다.' 결국 아이들은 학교에서 배우는 지식 중 진짜 쓸모 있는 지식은 얼마 안 된다. 게다가 우수한 학업성적이 항상 과학적 혁신이나 뛰어난 사업 능력으로 이어지지는 않는다."[6]

　학교공부만 열심히 하면 모든 것이 해결된다는 믿음이 산산조각 깨져 답을 본 분들은 큰 충격을 받습니다. 이스라엘은 아랍국들과의 중동전쟁을 4번이나 치렀습니다. 아랍국들 사이에서 생존하려면 실용성과 혁신을 해야 한다는 것을 피로써 뼛속 깊이 새겨 넣은 민족입니다. 이런 이스라엘 대학에서조차도 대학을 졸업할 때쯤이면 1학년 때 배운 지식의 절반이 낡은 지식이 됩니다. 혁신을 추구하는 이스라엘 대학이 이 정도입니다. 하물며 우리의 아이들이 배우는 교육은 어떨까요? 말로 표현하지 않아도 느낄 수 있습니다.

인기 드라마 〈킹덤〉이 있습니다. 극 중에 한 부인이 죽은 아들을 떠나보낼 수 없어 좀비로 만들어 함께합니다. 우리도 혹시 무용지식을 좀비로 해서 살려 놓고 있는 건 아닐까요? 좀비로 된 무용지식을 저세상으로 보내려면 우리는 어떻게 해야 할까요?

답은 다음 장으로 미루겠습니다.

대신 앨빈 토플러가 2001년 김대중 대통령에게 제출한 〈위기를 넘어서: 21세기 한국의 비전〉(2001. 6. 30)의 일부를 적겠습니다. 읽다 보면 2001년이나 지금이나 변한 것이 없다는 것을 알게 됩니다. 앨빈 토플러가 한국의 교육에 대해 정확히 파악했다는 것도 느낄 수 있습니다.

"한국의 교육체계는 반복 작업 아래의 굴뚝 경제체제에 기초한 형태로 발전되고 학생들을 교육해 왔다. 한국의 학교는 학생들이 21세기의 24시간 유연한 작업체계보다는 사라져 가는 산업체제의 시스템에 알맞도록 짜인 어긋난 교육시스템을 고수하고 있다. 한국이 지식기반 경제로 진취적으로 이행하기 위해서는 기업이나 노조뿐만 아니라 교육기관들 역시 변화하지 않으면 안 된다. 21세기 교육시스템은 학생들이 어느 곳에서나 혁신적이고 독립적으로 생각할 수 있는 능력을 배양해 새로운 환경에 적응할 수 있도록 길러 줘야 한다. 한국 교육체계의 변화는 '교육공장'들을 보다 효율적으로 운영하는 것에 머물러서는 안 되며, 교과과정부터 교육시간과 장소에 이르기까지 보다 본질적인 문제를 다뤄야 한다."

대학만 들어가면 공부가 끝?

다음으로 도로시 본을 봐야 합니다.

영화에서 그녀는 백인 상관을 만나러 가는 길에 IBM 컴퓨터가 설치되는 것을 봅니다. 영화 장면에서는 무심결에 그녀가 지나가는 것으로 그렸지만 그녀는 시대의 변화를 정확하게 알고 있었습니다. IBM 컴퓨터가 정상 작동되면 IBM 컴퓨터가 계산원을 대신할 것이고 계산원들은 해고가 된다는 것을요. 장면은 그녀가 도서관에서 책을 찾는 모습을 보여 줍니다. 사서가 쫓아와 여기는 백인들만 책을 빌리는 곳이라며 경비를 불러 그녀를 쫓아냅니다. 도서관에서 나와 버스에 탄 그녀는 가방에서 책을 한 권 꺼냅니다. 몰래 가져나온 책입니다. 책에는 포트란FORTRAN이라고 쓰여 있습니다.

그녀는 아이들에게 자랑스럽게 소리 내어 읽습니다.

"포트란은 새로운 프로그램 언어로 프로그래머가 컴퓨터와 소통할 때 사용한다. 미래의 물결처럼 놀라운 기술이다."

포트란이 무엇인지 모르는 사람들에게 설명하기 위해 넣은 장면입니다. 다음 이야기를 위해 포트란에 대해 부연 설명하겠습니다.

포트란이란? 1954년 IBM 704 컴퓨터에서 과학적 계산에 사용할 목적으로 만들어진 컴퓨터 프로그램 언어였습니다. 영화에서처럼 새로운 기술이었습니다. 과학적 계산이란 우주항공, 유체 및 구조해석, 동역학 계산, 인공위성, 군사과학, 자동차 · 선박 설계 등으로 이때는 포트란 언어를 모르면 예시와 같은 연구 업무를 할 수 없었습니다. 1초 동안 24,000개의 곱셈을 처리할 수 있었는데 영화에서 계산원들은 빛의 속도라고 놀랍니다. 포트란은 90년대 대학에서도 배웠습니다.

그녀는 동료들에게 컴퓨터가 설치되어 작동하기 전까지 프로그램을 배워야 한다고 합니다. 동료들은 고개를 끄덕입니다.

마지막으로 말합니다.

"쫓겨나고 싶다면 안 해도 됩니다."

동료들이 대답합니다.

"아니에요."

결국 그녀와 동료들은 공부하여 계산원에서 전산원으로 승진합니다. 그녀들이 함께 사무실을 옮길 때 경쾌한 배경음악이 흐릅니다. 새로운 일에 대한 기대와 해고라는 두려움을 떨친 그녀들의 기쁜 마음을 느낄 수 있습니다.

여기서 두 번째 교훈이 나옵니다. 교훈은 간단합니다.

'시대의 변화에 맞춰 스스로 지속해서 공부하라. 그렇지 않으면 낙오가 된다.'

4

4차 산업혁명은 암울하게 다가왔다

변화의 세기

영화에서 보듯 1950년대에도 혁신의 시대였습니다. 하지만 그때는 변화 속도가 늦었습니다. 산업혁명의 차수가 올라갈수록 그 속도는 점차 빨라졌습니다. 철도 건설과 증기기관의 발명으로 발생한 1차 산업혁명은 1760~1840년경에 발생하였습니다. 전기와 생산조립 라인으로 대량생산을 가능케 한 2차 산업혁명은 19세기 말에서 20세기 초까지입니다. 반도체와 컴퓨팅(1960년대), 퍼스널컴퓨터PC와 인터넷(1990대)이 발달을 주도한 3차 산업혁명은 2000년까지로 계산합니다. 마지막으로 인공지능과 기계학습, 모바일, 인터넷이 기반이 된 4차 산업혁명은 21세기의 시작과 함께 시작되었습니다.[7] 이전까지의 변화는 사람이 적응하고 숨 돌릴 틈이 있었지만, 지금은 숨 가쁘게 변화를 따라가야 합니다.

이렇게 산업혁명의 변화 속도가 빨라지듯 미국 기업의 수

명도 짧아졌습니다. 1935년도 미국 기업 평균수명은 90년이었습니다. 1970년에는 30년, 2005년에는 15년으로 되었습니다. 지금은 더 줄어들었습니다.[8] 보통 성인이 대학교 때까지 배운 기술로 퇴직까지의 노동 가능 연한을 30년이라고 가늠할 수 있습니다. 이 두 사실을 합쳐 계산하면 한 가지 기술로 한 직장에서 퇴직 때까지 있을 수 없고, 퇴직 전에 내가 배운 기술이 무용지물이 된다는 결론이 나옵니다. 이런 변화에 우리 자녀들은 겨우 40가지의 직종만 선택하며 살 것이라는 암울한 예측도 나옵니다.[9] 아마존 창업자 제프리 프레스턴 베이조스 Jeffrey Preston Bezos도 절망적이고 침울하게 이같이 말했습니다.

"아마존도 언젠가는 망한다."

가까워진 암울한 미래

이 이야기가 먼 미래의 일이라고 생각하실 수 있습니다. 하지만 노동시장에 대한 변화로 이미 변화는 시작되고 있었습니다. 2021년 현대자동차 노사 임단협 협상에서 가장 쟁점이 됐던 것은 '미래 차 일자리' 문제였습니다. 이제 현대자동차에서도 전기차를 생산합니다. 전기차로 완전히 산업을 재편하면 일자리 감소가 불가피합니다. 2018년 영국 '케임브리지 이코노메트릭스'의 연구자가 말했습니다.

"전기차 1만 대를 만드는데 필요한 인력은 내연기관차의 3분 1 수준에 그친다."

이 말대로 계산해 보겠습니다. 내연기관차 1만 대 생산에 필요한 인력은 9,450명, 디젤은 1만 770명입니다. 전기차는 이들의 3분의 1인 3,580명만 있으면 됩니다.[10] 기존 자동차에서는 내연기관인 엔진이 차에서 차지하는 비중이 높기 때문입니다. 엔진은 기술과 노하우가 집약된 작은 부품들의 조립체입니다. 엔진 생산이 얼마나 많은 부분을 차지했는가는 현대자동차 공장 절반이 엔진 생산 공장이라는 것을 보면 알 수 있습니다.[11] 전기차는 엔진 자리에 모터가 위치합니다. 오로지 모터 하나입니다. 공정이 간단하고 인력이 필요 없습니다. 엔진 관리에 추후 서비스도 필요 없습니다.

이렇게 되자 현대자동차뿐만 아니라 엔진 주요 부품인 피스톤링, 커넥팅로드 같은 부품 납품업체에도 문제가 생겼습니다. 물량이 줄어들었습니다. 자동차 엔진오일, 냉각수 등을 교체해 오던 영세 자동차 정비소들의 일도 줄었습니다. 현대자동차 노조위원장이 전기차를 '재앙이나 악마'라고 표현한 것을 이해할 수 있습니다.[12]

다시 현대자동차 이야기로 돌아가겠습니다.

현대자동차는 '공정개선'이라는 이름으로 매년 정년퇴직 인원만큼 공정을 없애고 있습니다. 2020년에는 1,041공정으로 1,572명분이 개선되었습니다. 이때 정년퇴직 인원이 1,436명이었습니다. 2021년에는 1,970명이 정년퇴직 예정으로 1,712명분의 공정이 없어질 예정입니다. 신규채용은 '0'명이 됩니다. 이 계획대로라면 2030년에는 생산직의 40%만 회사에 남습니다.[13]

BNK경제연구원이 2021년 6월 2일 내놓은 〈동남권 자동차 산업 동향과 발전 과제〉 연구보고서를 보면 더 우울합니다. 전기차가 내연기관차를 완전히 대체하면, 부산, 울산, 경남 지역의 일자리 2만 개가 사라질 것으로 보고서는 예측합니다. 마지막으로 '전기차로 대체되면 자동차 부품 수는 약 37% 감소하고, 동남권(부산, 울산, 경남) 자동차산업 일자리는 엔진, 엔진용 부품, 동력전달장치 등을 중심으로 사라질 것'이라고 예측합니다.[14]

조종사가 4명에서 1명으로

더 쉬운 예를 하나 들겠습니다.

1980년대 영화 〈에어플레인〉이라는 영화가 있습니다. 여객기에서 벌어지는 일을 재미있게 표현한 코미디 영화입니다. 주목해서 봐야 할 것은 조종실 탑승 인원입니다. 이때는 비행을 위해서는 4명의 인원이 필요했습니다. 기장, 부기장, 항법사, 항공기관사입니다. 하지만 기술혁신으로 조종사가 혼자 작동할 수 있게 항법 장비가 작아졌습니다. 또한, 엔진도 신뢰성이 높아지고 조작도 쉬워졌습니다. 이런 이유로 항공기관사가 없어지고 다음은 항법사가 없어졌습니다. 4명이었던 비행 인원이 이제는 기장과 부기장 두 명만 남았습니다. 2명이 최적 인원일까요? 조종사라도 이제는 안심할 수 없습니다. 미 공군 소속 연구소인 AFRLAir Force Research Laboratory이 팔 모양의 조종 로봇을 개발했습니다. '로보파일럿ROBOpilot'입니다. 로보파일럿은 기존 항공기에도 장착할 수 있어 확장성 및 경제성 면에서 훨씬 장점이 많습니다. 에어라인 조종사들의 관심은 이제 조종석의 조종사가 언제 1명으로 되느냐입니다.[15] 조종사 절반이 퇴직해야 합니다.

사라져 가는 직업들과 남는 직업들

이렇게 4차 산업은 어느덧 우리도 모르게 스며들어 왔습니다.

그럼 4차 산업혁명에서 기계와 AI로 빠르게 대체 되는 직업은 어떤 특징을 가지고 있을까요? 이것을 분석하면 4차 산업혁명 시대에 아이들에게 무엇을 준비시키고 교육할지 알 수 있습니다. 기계와 인공지능으로 대체하기 쉬운 직업은 다음 3가지로 말할 수 있습니다.

'반복적이고, 예측할 수 있고, 창의성이 필요 없는 직업이다.'
우리가 아는 없어진 직업들을 살펴볼까요?

단순하고 반복적이고 창의성 없는 업무의 예를 들면, 지하철역에 있던 매표원, ARS 상담원 등입니다. 복잡한 업무지만 반복적이라 없어진 업무는 회계담당자입니다. 컴퓨터 회계 프로그램의 개발로 미숙련자 1명이 입력하더라도 처리할 수 있습니다. 총무팀이 사라졌습니다. 신분당선의 전차는 기관사 없이 종합관제센터에서 무인운행합니다. 반복적 패턴에 예측할 수 있고 창의성 없는 기준에 딱 맞습니다.

남는 직업들은 이에 맞춰 거꾸로 생각하면 됩니다. 4차 산업에서 기계로 대체될 위험이 적은 직업은 비반복적이고 예측할 수 없고 창의성이 필요한 직업입니다. 정리하면 세부적으로 불확실성한 상황에서 의사결정을 해야 하는 일이나 창의적 아이디어를 개발하는 일입니다.[16]

기계로 완전 대체가 되지 않는다고 해도 앞서 말했듯이 중간관리자가 사라집니다. 그러면 '저직능, 저급여'와 '고직능, 고급여'에 따른 노동시장 분화가 심화됩니다.[17] 변화를 따라가지 못한 사람은 '저직능과 저급여', 변화를 따라 창의성교육을 한 사람은 '고직능, 고급여'를 받습니다. 중간은 없습니다. 이제 중산층이란 용어는 역사 속에서 사라집니다.

5

언어교육은 미래를 여는 힘

아이들에게 어떤 교육을 해야 할까요?

변화의 환경에서 우리는 어떤 마음을 가져야 하고, 아이들에게 어떤 교육을 해야 할까요?

변화에 대처하는 방법을 단계별로 설명하겠습니다.

우선, 내가 어떤 것을 알고 무엇을 모르는지 인지합니다 (메타인지). 다음으로 문제를 발견하면 문제를 분석하고 필요한 부분을 빠르게 학습합니다. 마지막으로 해결책을 제시합니다. 즉 변화에 대처하기 위해서는 문제 처리를 위한 창의성을 키워야 합니다.

그러면 학교에서 아이들에게 창의성교육을 해줄까요? 아쉽지만 교육은 바뀌었지만 학교가 바뀌지 않았기 때문에 안됩니다.

여러분들이 초등학교에 입학했을 때를 돌아보십시오, 선

생님이 '질문할 사람 손 들어.' 하면 아이들은 손을 번쩍 듭니다. 발표시켜 달라고 여기저기서 안달입니다. 자기 생각, 궁금증을 말하고 싶어서 안달이었습니다. 심지어 발표를 시켜주지 않았다고 집에 와서 울기까지 했습니다. 이랬던 것이 학년이 올라갈수록 질문이 줄어듭니다. 질문하는 것을 죄악시합니다. 질문하면 수업시간이 늦게 끝납니다. 짜증 섞인 소리가 여기저기서 들립니다. 뒷자리의 모든 눈총이 쏟아집니다. 뒤통수가 따갑습니다. 심지어 질문받은 선생님도 짜증냅니다.

내가 무엇을 모르는지 알아가는 탐구와 질문하고 토론을 해야 창의성이 발현되고 해결책을 제시할 수 있습니다. 하지만 입시교육이 우선인 지금의 학교에서는 미래와 현재를 대비하는 교육을 못 합니다. 아니, 안 합니다. 변화를 받아들이기 어렵습니다. 생각의 능력을 차단하고 있습니다.

미래사회에 아이들이 적응하여 살아가는 것보다, 아이들을 대학에 얼마나 많이 입학시키느냐는 정량적 수치가 더 중요합니다. 가르치는 선생님들도 과거 주입식교육을 받은 사람입니다. 교육제도는 바뀌어 창의성교육을 하라 하지만 가르치는 사람은 과거 사람입니다. '사람이 바뀌면 죽을 때가 다 되었다'라는 옛말이 있습니다. 사람은 바뀌기 어렵습니다. 결국, 학교에서는 창의성교육을 받기 어렵습니다.

군인과 근로자를 만들기 위한 학교

우리 학교교육은 프러시아(프로이센)의 교육제도를 따랐다는 것이 정석입니다. 프로이센 교육은 군인과 직업노동자를 양성하기 위해 만든 교육입니다. 학교에서 대량으로 군인과 직업군인을 찍어낸 독일은 1, 2차 세계대전을 일으켰습니다. 일본은 이 프로이센 교육방식을 그대로 받아들이고 식민 통치 하의 우리나라에 이식했습니다.

우리는 프로이센에서 하는 공장 노동자와 직업군인을 양성하는 교육을 받았습니다. 이 교육에 맞춰 생각 없이 지시대로 잘 따라하는 아이가 칭찬받았습니다. 학년이 지날수록 생각하는 힘을 잃어버렸습니다.

생뚱맞은 이야기라고 말씀하실 수 있습니다. 제 말이 틀렸다고 말하기 전에 과거에 받았던 고등학교 교육을 생각해 보십시오. 선생님 말씀이면 무조건 복종하고 던져 주는 지식을 암기하기만 했습니다. 아무런 질문과 반론도 없었습니다. 자기 생각을 말하기 위해 질문하면 어떤 경우에는 혼나기도 했습니다.[18]

신병훈련소에서 교육받고 필수 암기 사항을 외우는 것 같지 않습니까? 이런 군대식 학교에서 무엇을 바랄 수 있을까요?

해결책은 듣기, 말하기, 읽기, 쓰기 교육이에요

그럼, 우리는 무엇을 해야 할까요? 사교육을 시켜 볼까요? 어떤 사교육을 시킬까요? 이런 변혁의 시대에 가장 좋은 교육은 무엇일까요?

교육과 변화의 바탕이 되는 기본과 기술을 가르쳐야 합니다. 그것이 무엇일까요? 듣기, 말하기, 읽기, 쓰기입니다. 모든 공부의 바탕이 되는 기술입니다.

듣기와 읽기는 지식을 습득하는 능력입니다. 듣기와 읽기 기술 능력을 배양한다면 변화의 시대에 훌륭히 적응할 수 있습니다. 만일 급변하는 환경에 어느 날 내가 배운 기술이 필요 없게 된다면 과연 어떻게 될까요? 문제없습니다. 듣기와 읽기 기술에 훈련되어 또 다른 기술과 학문을 발 빠르게 습득할 수 있습니다. 변화에 빨리 적응합니다.

말하기, 쓰기는 지식을 종합하여 표현하는 능력입니다. 말하기와 쓰기를 하려면 먼저 나의 지식을 종합해야 합니다. 종합하는 과정에서 내가 어떤 지식을 모르고 아는지 깨닫습니다. 지식을 종합적으로 구성하는 행위는 창조 행위입니다. 새로운 말과 글을 구성하는 것은 종합 창조입니다. 표현만으로 자신도 모르게 창조를 위한 연습을 합니다.

대학을 목표로 하는 공부를 떠나서 사회 변화에 적응하기 위한 공부를 해야 합니다. 지식의 습득 과정을 즐겨야 합니다. 즉, 자발적 공부와 지속적인 공부를 해야 합니다. 이것에 바탕이 되는 공부가 바로 듣기, 말하기, 읽기, 쓰기입니다. 우리는 아이들에게 쉽게 무너지는 모래탑 같은 지식보다, 무너지지 않는 탑을 쌓는데 바탕이 되는 기단을 놓는 능력을 키워야 합니다. 이 기단은 언어능력으로 놓을 수 있습니다.

내가 책을 읽고 아이에게 책 한 권을 권하는 것으로 미래를 준비할 수 있습니다. 거창하고 돈이 들어가지도 않습니다. 책을 읽은 후에 아빠나 엄마와 간단히 책에 관해 이야기하고 더 나아가 책 뒷면에 느낌을 3줄 적으면 끝입니다. 많은 것을 준비할 필요도 없고 돈을 쓰지도 않습니다. 오늘 집에 갈 때 도서관에 들러서 책 한 권 가지고 가십시오. 미래에 대해 투자하십시오. 오늘 당장 실행하십시오.

우리에게 '스푸트니크' 쇼크는 무엇일까요?

스푸트니크, '어린 동반자'는 미국의 정치, 국방, 과학기술, 산업, 교육까지 모든 것을 바꿨습니다. 미국인들에게는 커다란 충격이었습니다. 가만히 있다가는 소련에 의해 미국뿐만이 아니라 전 세계가 공산주의화 될 것 같은 공포에 휩싸였습니다. 생존이 걸린 문제였습니다. 생존을 위해 미국은 교육, 행정, 군사 등 모든 것을 바꿨습니다.

하지만 우리는 지금 이보다 더 큰 충격을 받고 있습니다. 조용히 더 빠르게 다가와 사회를 변화시키고, 나와 내 자식에 직접적인 문제로 무엇을 준비할지 모른다는 것이 스푸트니크 쇼크보다 더 무섭습니다.

이제 바꿔야 합니다. 기존 교육을 벗어나 새로운 교육을 해야 합니다. 그것은 부모님의 사랑이 바탕이 되는 언어교육입니다.

6

자기주도학습은 언어능력의 두 바퀴 문해력과 어휘력으로

불안에 학원 가기를 원하는 부모와 아이들

'2021년 서울 아파트 평균 가격이 7% 이상 상승하였습니다.'

남자 아나운서가 아파트 가격 상승을 알려 줍니다. 텔레비전을 보는 아빠와 엄마는 속상합니다. 아파트를 사기 위해 허리띠를 졸라매고 있는데 더 졸라매야 할 것 같습니다. 그런데 더는 졸라맬 허리가 없습니다. 이제 남은 것은 중학교에 다니는 아이의 학원비뿐입니다. 아이의 미래를 위해 자신들의 노후를 포기해야 하는 건지 고민합니다. 똑같지는 않지만, 독자 여러분들도 경제적 사정으로 아이들을 학원에 보내야 할지 고민해 본 적이 있을 겁니다. 이렇게 아이들을 학원에 보내는 것이 맞는 걸까요?

보통 학원에 아이들을 보내는 경우는 크게 2가지로 나눠 볼 수 있습니다.

첫째, 우리 아이가 다른 아이들보다 뒤처질 것 같은 불안 때문입니다.

이런 것을 '영화관 효과'라고 합니다. 영화관에서 앞사람이 잘 보기 위해 일어서면 뒷사람도 할 수 없이 일어서서 봅니다. 다른 아이는 선행을 하는데 우리 아이만 안 보내면 뒤처질까 봐 불안합니다. 결국 학원에 보냅니다. 악순환입니다.

선행은 학원의 상술이라는 것을 아셔야 합니다. 보통 아이들은 시험기간에만 학원에 등록합니다. 그리고 시험이 끝나면 썰물같이 빠져나갑니다. 학원 매출이 일정치 않습니다. 이런 이유로 평소에는 선행을, 시험기간에는 학교진도를 운영합니다. 또한 선행효과는 측정할 수 없습니다. 학교에서 시험을 보지 않기 때문입니다. 학원은 계속 진도만 나가면 되니 교육에 대한 책임을 회피할 수 있습니다.[19]

가장 큰 문제는 아이에게 발생합니다. 선행한 아이들은 먼저 알고 있다는 자만감에 빠져 적극적으로 수업에 참여하지 않습니다. 이런 결과로 상위권에 들지 못하고 중위권에 머물게 됩니다.[20] 또한 선행학습을 한 아이들은 정답만을 말하려는 경향이 뚜렷합니다.[21] 아이들은 도전에 대한 두려움을 갖습니다. 아이에게 발전이 있으라고 보낸 학원이 도리어 아이를 퇴행시킵니다.

둘째, 아이가 학교교육을 따라가지 못합니다.

지금 아이들은 초등학교 때 시험을 보지 않습니다. 자유학년제에 따라 중학교 2학년 때 시험을 처음 봅니다. 이때 부모들과 아이들은 학습성적을 알 수 있습니다. 성적의 처참함에 부랴부랴 학원에 갑니다. 하지만 기대와 달리 학원에 간다해도 딱히 성적이 올라가지 않습니다. 기껏해야 문제풀이로 간신히 버팁니다. 부모님은 아이를 개별로 봐주기를 원하지만, 학원은 이윤이 맞지 않기 때문에 시늉만 냅니다.[22] 아이도 학원에 가는 것을 선호합니다. 학원에 가 있으면 공부하고 있는 것 같은 느낌도 들고, 책을 읽고 해석하는 것보다 학원 선생님의 설명을 듣는 것이 더 쉽기 때문입니다. 시험 요점정리도 선생님이 해 줍니다. 잘못하면 마약에 중독되듯 학원에 중독되어 학원에 다니지 않으면 공부를 할 수 없는 지경에 이릅니다.

스스로 공부하게 하는 힘, 어휘력과 문해력

공부 전문가들은 '공부는 혼자 복습하고 스스로 문제를 해결하는 능력이 중요하다'라고 합니다. 부모들 사이에 떠도는 말로 '초등공부는 엄마가, 중등공부는 학원이, 고등공부는 혼자서'라는 말이 있습니다. 이처럼 혼자 공부하는 습관을 만들지 않으면 고등공부를 할 수 없습니다. 그런데 궁금한 것이 있습니다. 사교육을 시키지 않아도 학교교육을 잘 따라가고 성적이 우수한 아이들이 있습니다. 무슨 차이일까요?

바로 어휘력과 문해력 차이입니다. 우선, 이 둘의 정확한 뜻을 알아보겠습니다.

어휘력은 단어들의 집합인 어휘를 이해하거나 구사하는 일에 관한 언어 사용자의 능력을 일컬으며 읽기, 쓰기, 말하기, 듣기 등 모든 언어능력의 바탕입니다.[23]

문해력은 OECD 정의에 따르면 '텍스트를 이해하고, 평가한 뒤 이를 활용할 수 있는 능력이다. 문해력은 단순히 단어와 문장을 해독하는 것을 넘어 복잡한 텍스트를 읽고 그를 해석하는 능력까지 모두 아우른다'[24]라는 의미입니다.

2021년 3월 EBS에서 문해력에 대해 방송을 했습니다. 방송을 보면 선생님이 수업하고 있으면 단어를 몰라 아이들이 손을 드는 모습이 나옵니다. 모르는 단어는 다른 동물의 양분을 빨아들인다는 '양분', 지배 집단과 피지배 집단 간의 '위화감'이었습니다. 선생님은 계속되는 단어 설명 요구에 진도를 나갈 수 없었습니다. 아이들의 문해력이 어느 정도 인가를 떠나 문해력이 낮으면 공부를 할 수 없다는 것을 보여 주었습니다. 선생님이 설명을 해 주는데도 이 정도인데 어떻게 혼자 공부할 수 있겠습니까?

여기서 두 번째 답이 나옵니다.

"혼자서 공부하는 학생들에게는 어휘력과 문해력이 기본적으로 갖춰져 있다. 그것은 독서로 이루었다. 어렸을 때부터 이뤄진 언어교육으로 스스로 공부할 수 있는 바탕의 힘을 길렀다."

아이들이 사교육을 받지 않게 하려면 어렸을 때부터 언어교육 나아가 독서교육을 해야 합니다. 《아깝다 학원비》의 책에서 김민식 MBC 피디는 '부모가 물려 줄 경험은 사교육 쇼핑보다 독서, 여행과 사랑'을 꼽았습니다.

청양산림항공관리소에 같이 근무하는 김○○ 기장님이 계십니다. 작년에 셋째 딸이 고등학교를 졸업했습니다. 성적은 서울대에 갈 실력이지만 한국교원대로 가서 선생님이 되기로 했습니다. 딸이 어떻게 공부했느냐고 물으니, 기장님이 말씀하시기를 한 번도 사교육을 시키지 않았답니다. 딸은 그저 독서를 좋아해서 책을 많이 읽었다고 합니다. 그 아빠에 그 딸이었습니다. 기장님도 시간만 나면 책을 읽는 다독가이십니다. 아빠가 딸에게 해준 것은 사교육이 아니라 좋은 독서습관을 물려 주었습니다.

미래학자 버크민스터 풀러Buckminster Fuller가 말했습니다.

"인류의 지식 총량은 100년마다 두 배씩 증가해왔다. 그러던 것이 1900년대부터는 25년으로, 현재는 13개월로, 2030년이 되면 지식 총량이 3일마다 두 배씩 늘어난다."

변화의 시대에 늘어나는 정보를 빠르게 흡수하여 적응하기 위해서는 어휘력과 문해력이 필요합니다. 어휘력과 문해력은 언어능력의 두 바퀴입니다. 이 두 바퀴는 부가 양극화되고 고착화된 사회에서 부를 뛰어넘을 수 있는 유일한 방법입니다.

언어능력의 두 바퀴, 문해력과 어휘력을 키우는 것은 어렵지 않습니다. 부모가 함께 가면 됩니다. 가다 보면 아이는 어느새 독립하여 혼자 자기주도학습을 합니다.

7

읽기와 쓰기로 새로운 길을 개척한 사람들

읽기, 쓰기로 새로운 길을 개척한 사나이

원로원 의원 14명이 한 사내를 둘러섭니다. 긴장의 눈빛을 주고받습니다. 행동해야 하지만 서로 머뭇거립니다. 누가 먼저 시작할까? 갑자기 한 사내가 토가 속에서 단검을 빼 중간의 사내를 찌릅니다. 찔린 사내는 눈을 크게 일그러뜨립니다. 처음이 어려운 법, 나머지 원로원들도 칼을 빼 사내를 찌릅니다. 뿜어져 나온 피가 하얀색 토가를 붉게 물들입니다. 24번이나 찔린 사내는 이리저리 갈짓자로 휘청거립니다. 쓰러지다시피 하다 다시 일어납니다. 운명의 아이러니일까요? 남자는 자신의 정적이었던 폼페이우스Gnaeus Pompeius Magnus의 동상 앞에 쓰러집니다.

죽은 사내는 누구일까요? 1000년 로마의 바탕을 만든 카이사르Gaius Julius Caesar입니다. 공화정에서 왕정으로 바뀌는 것이 두려운 귀족들에 의해 카이사르는 살해됩니다. 그의 그림자가 얼마나 드높았는지 독일과 러시아에서 황제를 말하는 카이저kaiser, 짜르czar에 카이사르의 흔적이 남아있습니다.

카이사르는 변방의 사내였습니다. 그는 자신이 꿈꾸는 로마를 만들기 위해서 공화정 시기에 왕과 같은 집정관이 되어야 했습니다. 이 꿈을 이루기 위해서는 로마정치의 중심지인 로마를 떠나면 안 되었습니다. 하지만 이미 있던 길은 부자 귀족인 크라수스와 폼페이우스가 차지하고 있었습니다. 가난한 귀족인 카이사르가 있을 자리는 없었습니다. 출세를 위한 정해진 길이 막혔습니다. 자기 뜻을 펼 수 없었습니다. 그는 게르만족으로부터 로마를 지키기 위해 갈리아 땅, 지금의 프랑스와 독일로 유유히 떠났습니다. 로마 최고의 자리로 가는 정해진 길에서 그는 더욱더 멀리 벗어났습니다. 7년 동안 갈리아 땅에서 치열한 전쟁을 합니다. 이상하게 로마에서의 그의 인기는 로마에 있던 폼페이우스보다 오히려 더 올라갔습니다.

그는 어떤 방식으로 로마에 영향력을 행사했을까요?

《갈리아 전기》라는 책이었습니다. 갈리아에서 켈트족, 게르만족과 전투를 하는 와중에도 그는 책을 썼습니다. 7년여의 전투 상황을 상세하게 써서 로마에서 발간했습니다. 로마의 젊은이들은 그의 저서를 읽고 승리를 환호하고 그를 흠모했습니다. 그의 문학적인 글은 젊은이들을 더욱 감성적으로 끌어들였습니다. 현재도 그의 책은 라틴어의 정수로 라틴어를 배

올 때 빼놓을 수 없는 책으로 평가받고 있습니다. 그가 군단을 이끌고 루비콘강을 건너 로마로 입성했을 때 로마의 젊은 이들은 그를 독재자로 보지 않고 친근한 민중의 벗으로 받아들였습니다.

그는 인생을 읽기와 쓰기로 개척해 나갔습니다. 한낱 변방을 지키는 가난한 귀족 장군으로 늙게 될 인생에 변화를 가져왔습니다. 평소에 책을 읽고 집필하는 습관이 인생을 변혁시키는 원동력이 되었습니다.

정해진 길은 없어요

이것이 단순히 과거만의 이야기일까요? 지금, 우리 아이들은 길이 없는 길을 가야 하는 선택을 받고 있습니다. 선택이 아니라 강요받고 있습니다.

과거에는 인생의 길이 명확했습니다. 유명 중학교를 졸업하고, 유명 고등학교에 들어가서 유명 대학교를 나오면 되었습니다. 그러면 회사에서 졸업자들을 데려갔었습니다. 전체 학년에서 몇 등 안에 들면 어느 대학교, 어느 기업체로 갈 수 있다는 명확한 길이 있었습니다.

이런 정보를 미리 아는 것이 아이들을 잘 키우는 것이었습니다. 아이들을 정해진 길로 가게 했습니다. 행여 길에서 이탈할 것 같으면 재수를 해서라도 정해진 길로 다시 우겨 집어넣었습니다.

　그러나 지금 대기업들은 공채를 줄이거나 없앴습니다. 신입을 원하는 것이 아니라 경력직을 선호하고 있습니다. 어렵게 입사 했더라도 지속적인 길이 없습니다. 2018년 취업포털 잡코리아가 조사한 바에 의하면, 직장인 체감 퇴직 나이가 40대 후반에서 50대 초라 합니다. 퇴직하면 어떻게 살아야 하나요? 한국의 평균 수명은 83.1세입니다. 결국, 자영업이나, 프리랜서로 40년 이상 살아야 합니다. 더 암담한 것은 이중, 70% 이상이 5년 내로 폐업한다는 사실입니다.

　퇴직자만의 문제가 아닙니다. 평균 대학 졸업생들이 50만 명입니다. 이중, 10만 명이 안 되는 인원만 공기업과 대기업에 입사합니다. 2021년 국가직 공무원 응시인원이 198,110명이고 선발인원은 5,662명입니다. 약 35:1의 경쟁률이었습니다. 전체 대학 졸업생의 3분의 1입니다. 응시인원들도 점차 많아지는 추세입니다. 나머지 40만 명은 어떻게 되었을까요? 다음 물음들과 함께 답을 구해야 합니다.

　왜, 모든 이들이 공직만 바라볼까요?

　4차 산업혁명 시대, 급변하는 시대에 명확한 길이 남아있는 것은 공직뿐입니다. 공무원, 경찰, 군인, 소방관은 입사만 하면 평생직장입니다. 특별히 잘못하지 않는 이상 퇴직까지 갑니다.

이 길에 입성하지 못한 사람들은 어떻게 될까요? 어떤 사람들은 계속해서 공무원 시험공부를 하고 나머지는 포기합니다. 포기한 이들은 정해진 길에서 이탈했기 때문에 마치 무인도에 혼자 있거나, 망망대해에서 부표를 잡고 떠 있는 느낌입니다. 새로운 길을 가려 하지만 막막하고 망설여집니다. 무엇을 할지, 어떻게 해야 할지도 모릅니다. 그렇다고 마냥 그렇게 지낼 수는 없습니다. 선택할 것은 공직밖에 없습니다. 익숙한 길로 되돌아와 다시 공직에 도전합니다.

왜, 우리는 다른 새로운 길을 빨리 찾지 못할까요?

우리는 정해진 길을 벗어나 길을 개척하는 방법을 배우지 못했습니다. 어느 교육기관도 정규과정을 벗어나 또 다른 길을 가는 방법을 가르쳐 주지 않았습니다. 그동안 투자했던 것은 모두 정해진 길로 가는 것뿐이었습니다. 그래서 다른 길로 가는 걸 망설이게 합니다. 또 길을 바꾸려면 그동안 받았던 교육비용에 대한 매몰비용이 큽니다. 마지막으로 주변에 걱정하고 반대하는 사람이 많습니다.[25]

새로운 길로 가는 것에 대해 우리가 교육받지 못한 이유는 학교교육이 입시 위주로 이어졌기 때문입니다. 입시교육만 받은 아이는 그동안 익숙했던 영어, 수학, 과학, 사회에서 벗어나 다른 길로 가는 새로운 공부를 하는 것을 두려워합니다.

읽기와 쓰기로 새로운 길을 개척한 사람들

이렇게 읽기와 쓰기로 새로운 길을 개척한 사람들은 어떤 사람들일까요?

전대진 대학교를 졸업하고 취직 대신 신앙 봉사를 하고 그 경험을 에세이로 엮어 베스트셀러가 됩니다. 인플루언서로, 기아대책 희망 대사를 맡는 등 선한영향력으로 많은 이에게 도움을 주고 있습니다.

박현근 2002년 고등학교 3학년 때 자퇴, 10년이란 시간을 배달과 청소를 하면서 꿈도 목표도 없이 살았습니다. 29살 때, 배달이 늦게 왔다는 이유로 뺨을 맞고는 다른 삶을 살기 위해 미친 듯이 책을 읽었습니다. 결국, 5년 만에 수입은 10배가 되고 전국을 다니는 강사가 되었습니다. 지금은 메신저로 다른 이들의 성공을 돕는 일을 하고 있습니다.

이수진 실업고와 전문대를 졸업한 후 모텔 종업원, 원양어선 어부, 도예촌 보조 등의 일을 했습니다. 숙박업종 종사자 커뮤니티를 만들기도 했습니다. 이 경험을 바탕으로 국내 1위 숙박, 레저, 액티비티 회사이자 유니콘 기업인 '야놀자'를 창업했습니다.[26]

이지성 전주교대를 졸업하고 임용고시에 합격하여 초등교사로 7년간 근무했습니다. 그러나 지금은 《꿈꾸는 다락방》, 《여자라면 힐러리처럼》 등의 저자로 베스트셀러 작가입니다. 무명 시절 빈민촌에서 3~4시간만 잠을 자면서 글을 써왔습니다.

엠제이 드마코MJ DeMarco 차량 예약 서비스를 제공하는 'Limos.com'의 설립자. 30대에 자수성가한 백만장자 사업가이며 발명가입니다. 불과 몇 년 전까지만 해도 그는 청소 일을 했습니다. 근근이 어머니를 부양할 정도였습니다. 허황된 꿈을 좇는다며 주변의 손가락질도 받았습니다. 하지만 그는 추월차선 법칙을 발견했고, 단시간 내에 수백 억대의 자산가가 되었습니다.

신재환 초등학교 시절 교사를 꿈꾸어 오다 진짜 자기의 꿈을 찾기 위해 책 속에 길이 있다는 마음으로 500권 이상의 책을 읽었습니다. 3,000명의 사람을 만나고 나서 길을 찾았습니다. 이후 챌린지 노마드 임원이 되었습니다.

이렇게 많은 사람들이 있습니다. 이들에게는 목표를 잡으면 꾸준히 실천했다는 공통점이 있습니다. 이것이 결론일까요? 마치 '동화 속 마지막에 왕자와 공주는 행복하게 살았습니다.' 같은 미지근한 결론입니다. 무언가 부족하지 않습니까?

성공 요소의 밑바탕에는 실천력이 있었습니다. 실천력 아래에는 목표로 이끌어 주는 원동력이 있었습니다. 원동력은 독서가 바탕이 된 자기주도학습입니다. 그들은 자신의 사업을 성공시키기 위해, 길을 찾기 위해 독서를 하였습니다. 엠제이 드마코는 코딩을 배우기 위해 주말이면 도서관에서 공부하였습니다. 신재환, 이지성, 박현근, 전대진 씨는 책 속에 길이 있다는 믿음에 책을 읽고 그것을 글로 썼습니다. 이렇게 읽기, 쓰기는 목표를 실천하는 원동력이었습니다. 읽기, 쓰기를 원활히 하면 자기주도학습이 됩니다. 자기주도학습은 공부만의 문제가 아니라 내가 세운 목표로 나아가는 추진체 역할을 합니다.

황무지 갈리아 땅에서 카이사르가 일어설 수 있었던 것은 이 같은 원동력이 있었기 때문입니다. 목표를 향해 나아가는 우리의 추진체는 각오와 결심뿐만이 아니라 읽기, 쓰기로 다져진 자기주도학습입니다.

주어진 길이 사라진 시대, 우리는 아이에게 새로운 길로 나아갈 힘을 가르쳐야 합니다. 우리가 아이에게 지금 줄 수 있는 것은 기본적인 읽기와 쓰기입니다.

마지막으로 읽기와 쓰기로 인한 자기주도학습의 중요성에 대해 엠제이 드마크의 저서 《부의 추월차선》의 한 구절을 인용합니다.

"나는 스스로 공부했다. 나는 책을 읽었다. 나는 도서관을 이용했다. 나는 웹상에서 기사, 사용지침서, 백과사전을 읽었다. 나는 지식을 구했고 지식을 소비했다. 내가 지식을 추구한 덕분에 끝없이 변화하는 세상에서 추월차선을 얻는 기회를 놓치지 않을 수 있었다. 공부는 졸업과 동시에 끝나지 않았다. 그때부터 시작되었다. 가장 멋진 일은 내가 스스로 한 공부가 추월차선에서 트윈 터보 엑셀이었다는 것이다."

8

넘치는 정보 속에서 주체적인
나로 살게 하는 것, 언어교육

선전 선동의 대가, 괴벨스의 스포츠 궁전 연설

검은 침묵이 맴도는 궁전.

한 남성이 자리에서 일어나 단상 위 마이크 앞으로 걸어 나왔습니다. 마른 체형에 쑥 들어간 가느다란 눈, 홀쭉한 볼. 결코 호감이 가는 남자가 아닙니다. 남자는 오른쪽 다리를 절었습니다. 스포츠 궁정에 들어온 1만여 명의 관객의 눈동자가 그를 향합니다. 남자는 쑥 들어간 눈으로 객석을 살펴봅니다. 관객의 모든 눈이 그를 향합니다.

그는 말을 시작합니다. 스피커를 타고 나온 말은 궁전을 벗어나 전파를 타고 독일 전역에 퍼져나가기 시작했습니다. 하나하나 조목조목 천천히 말하자 군중은 조금씩 흥분하기 시작합니다. 그는 주먹을 꽉 쥐고 손을 크게 흔들며, 울대에 힘주며 소리쳤습니다.

"여러분들은 총력전을 원하십니까!"

"원합니다!(환호!)"

좌중의 일부가 일어나 손뼉을 칩니다.

"우리가 오늘날 상상할 수 있는 것보다, 더 전면적이고 철저한 전쟁을 여러분은 원하십니까!"

그가 또 물었습니다.

"원합니다!"(환호!)

다른 사람들이 따라 일어났습니다.

"필요하다면 인류가 경험했던 것보다 더 과격한 총력전을 원하십니까!"

"네!"(환호!)

"어떤 일이 일어나도 총통을 따를 각오가 되어 있습니다. 국민들은 승리를 얻기 위해, 가장 무거운 부담을 받아들일 것입니다!"

일제히 모든 사람이 일어나 환호합니다. 스포츠 궁전을 차지했던 검은 침묵 대신 죽음의 광기가 환호하는 군중 사이를 휘돌고 있습니다.

전파로 변한 그의 말은 라디오를 통해 독일 전역으로 퍼졌습니다. 독일 국민들은 환호했습니다. 그들은 자신들도 모르게 광기에 휩쓸려 들었습니다.

1943년 2월 18일, 나치 독일의 선전부 장관이었던 파울 요제프 괴벨스Paul Joseph Goebbels가 베를린 슈포르트팔라스트

(sportpalast, 스포츠 궁전)에서 행했던 연설 장면을 묘사했습니다. 2차 세계대전 중인 1943년 2월 1일, 동부전선의 스탈린그라드 전투에서 독일이 소련에게 대패하자, 연합군에 대항해 최후까지 항전하도록 독일 국민들을 독려한 연설입니다.

괴벨스는 사람들을 선동하기 위해 좌석에는 미리 엄선된 나치당원과 배우들을 앉혀 특별한 부분에 동조하고 손뼉을 치도록 했습니다. 만일 이런 사전준비가 없었다면 독일 국민이 괴벨스의 말에 동조했을까요? 선전, 선동과 기만을 위해 철저히 준비한 괴벨스의 속임수에 독일 국민들은 휩쓸려 들어갔습니다. 광기에 휩쓸린 국민들은 어떻게 되었을까요?

병역의 의무가 없는 16세 이하 60세 이상의 남자들까지 국민돌격대라는 이름으로 전장으로 내몰려 의미 없이 죽어갔고, 소련의 베를린 점령으로 많은 유부녀들이 상처받았습니다. 전쟁에서 패한 이후 45년이라는 세월 동안 독일은 분단국가로 살았습니다.[27] 그 후유증은 아직도 치유 중입니다.

괴벨스의 스포츠 궁전 연설은 프로파간다propaganda의 전형적인 예를 보여 줍니다.

제가 왜? 괴벨스의 스포츠 궁전 연설을 꺼냈을까요?

괴벨스가 행한 프로파간다와 같은 선전 선동에 우리가 무의식적으로 휩쓸리면 어떤 결과를 초래하는지와 정보의 홍수 시대에서 우리가 어떻게 행동해야 하는지를 설명해 주기 위해서입니다.

이 두 가지를 설명하기에 앞서 프로파간다라는 말을 간단히 설명하겠습니다. 프로파간다는 현대적인 광고, PR의 아버지로 칭해지는 에드어드 버네이스Edward Louis Bernays의 저서 《프로파간다》에서 시작했습니다. 우리나라 말로 선전 선동이라고 표현합니다.

역사에는 만일이라는 가정이 없는데 한번 가정해 보겠습니다. 만일 독일 국민이 괴벨스의 선동 선전에 넘어가지 않았으면 어떻게 되었을까요? 최소한 독일은 분단국가가 되는 아픔을 겪지 않았을 것입니다. 일부 독자들은 지금이 어느 시대인데 선전 선동이 있을 수 있느냐고 말합니다. 하지만 위정자는 선전 선동을 지속하여 왔습니다.

또 다른 사례를 들어 보겠습니다. 우선 베트남 전쟁을 예로 들겠습니다.

미국이 베트남 전쟁에 군사개입을 하게 된 이유는 '통킹만 사건' 때문입니다. 1964년 8월 2일, 북베트남 해군이 어뢰로 미국 구축함을 공격했습니다. 북베트남 해군의 어뢰정 3척이 손상을 입었고, 4명의 사망자와 6명의 부상자가 발생했습니다. 미 해군은 구축함 1척과 A-4스카이호크 공격기 1대에 가벼운 손해를 입었습니다.

이틀 뒤인 8월 4일 2차 공격이 있었습니다. 이에 따라 존슨Lyndon Baines Johnson 미국 대통령은 북베트남 폭격을 지시하고 해병대를 상륙시켰습니다. 베트남이 확전되고 미군이 참전하는 계기가 되었습니다.

중요한 것은 1차 통킹만 사건이 있고 난 후 2차 공격은 없었다는 사실입니다. 베트남 참전을 위해 미국 정치인들이 정보를 조작했습니다. 이것은 2003년 〈전쟁의 안개〉라는 다큐멘터리 프로그램에 출연한 맥나마라Robert Strange Mcnamara가 1964년 8월 4일 공격은 없었다는 증언으로 더 확고해졌습니다.

이런 조작이나 선동이 없었더라면 250만여 명의 미군과 50여만 명에 달하는 한국군이 고통받을 이유가 없었습니다.[28]

다음의 이야기는 이라크전입니다

2001년 9월 11일, 미국 대폭발 테러 사건(9·11테러 사건)이 일어난 뒤 2002년 1월 미국은 북한, 이라크, 이란을 '악의 축'으로 규정합니다. 그 후 이라크의 대량살상무기WMD를 제거함으로써 자국민 보호와 세계평화에 이바지한다는 대외명분을 내세워 동맹국인 영국과 오스트레일리아와 함께 2003년 3월 17일 48시간의 최후통첩을 보낸 뒤, 3월 20일 오전 5시 30분 바그다드 남동부 등에 미사일 폭격과 함께 전쟁을 개시하였습니다.[29]

하지만 결국 대량살상, 무기는 없는 것으로 판명되었습니다.

여러 사례가 있지만 가장 대표적인 것 3가지만 뽑아 살펴

봤습니다. 공통점을 찾는다면 첫째, 국민이 선출한 민주정부에서 발생했고 둘째, 이에 따른 희생은 오롯이 국민이 받았다는 것입니다.

우리가 습득하는 정보는, 어느 것이 사실이고 어느 것이 거짓일까요? 우리는 무엇을 믿고 어떤 판단을 해야 할까요?

과거에는 미디어를 생산하고 전파하는 것이 어려웠습니다. 사진을 조작하고, 방송이나 라디오의 정보를 조작하는 건 더더욱 어려웠습니다. 때로는 정부 조직과 큰 조직이 암약하다 발각되기도 했습니다. 그러나 인터넷이 전 세계에 퍼져 있는 지금은 누구라도 자기 방에 앉아 클릭 한 번으로 정보를 조작, 생산하고 퍼 나를 수 있습니다. 다시 말해 과거에는 국가 단위로 큰 조직이 정보를 왜곡했다면 지금은 개인이나 소수 집단이 자신의 이득을 위해 정보를 조작합니다.

정보가 손쉽게 퍼지고 결정이 빠르게 이루어지는 정보화 사회에서는 조작된 가짜뉴스의 폐해가 더 큽니다. 가짜뉴스는 잘못된 여론을 만들고 자신들에게 유리한 정치인에게 투표하게 합니다. 자칫하면 내가 나의 선택과 판단으로 인생을 사는 것이 아니라 거짓된 이들에게 조종당한 삶을 삽니다.

주체적인 민주시민으로 살아가는 법

현재를 사는 우리와 아이들은 더 많은 책임을 안게 되었습니다. 우리 아이들에게 바른 정보를 선택할 수 있는 능력을 키워 바른 민주시민으로 나아가게 하는 방법은 없을까요?

물론 있습니다. 가짜뉴스를 가려내는 능력을 키우면 됩니다. 일단 발표된 가짜뉴스를 알아보는 여러 가지 방법을 소개하겠습니다. 우선 청소년을 위한 미디어 리터러시literacy 실천 지도 메뉴얼(한국언론 진흥재단, 2018)을 보겠습니다.

❶ 출처 밝히기: 해당 뉴스 사이트의 목적이나 연락처 확인.

❷ 본문 읽어 보기: 제목은 관심 끌기 위해 선정적일 수 있는 만큼 전체 내용을 꼼꼼히 확인.

❸ 작성자 확인하기: 작성자가 실존 인물인지, 어떤 이력을 가졌는지 등을 확인해 믿을 만한지 판별.

❹ 근거 확인하기: 관련 정보가 뉴스를 실제로 뒷받침 하는지 확인.

❺ 날짜 확인하기: 오래된 뉴스를 재탕 또는 가공한 건 아닌지 확인.

❻ 풍자 여부 확인하기: 뉴스가 너무 이상하다면 풍자성 글일 수 있음.

❼ 선입견 점검하기: 자신의 믿음이 판단에 영향을 미치

지 않았는지 판단.

❽ 전문가에게 문의하기: 해당 분야 관련자나 팩트 체크 사이트 등에 확인.

다음은 미국의 정보기술 매체 〈원제로One Zero〉에서 워싱턴주립대학 마이크 콜피드Mike Caulfield가 소개하는 내용입니다. 4가지 원칙으로 첫 글자를 따서 시프트SIFT라고 부릅니다.

❶ 이용 중지(Stop).

❷ 출처 찾아보기(Investigate The Source).

❸ 다른 보도 찾아보기(Find Better Coverage).

❹ 원래 맥락 속에서 주장과 인용된 방식 확인하기(Trace Claims, Quotes And Media To The Original Context).[30]

마지막으로 미 펜실베이니아대학 안넨버그 커뮤니케이션 스쿨(Annenberg School for Communication)이 만든 사이트의 기준입니다.

❶ 뉴스의 출처를 파악하라.

❷ 글을 끝까지 읽어라.

❸ 작성자를 확인하라.

❹ 근거 자료를 확인하라.

❺ 작성 날짜를 확인하라.

❻ 자신의 생각이 한쪽으로 치우친 것은 아닌가 생각하라.

❼ 전문가에게 물어보라.[31]

　다양한 가짜뉴스 판별법에서 관통하는 공통점은 '글과 책을 많이 읽어 자신의 사고 틀, 내공을 키워야 한다'는 겁니다. 책을 많이 읽지 않아 비교할 데이터베이스를 만들지 않으면 비교할 것도 없습니다.

　내공이 커진 상태에서 책을 읽거나 정보를 접하면 어떤 내용이 옳고, 다르고, 틀렸다는 생각이 저절로 들고 비판력이 향상됩니다. 사실의 이면과 배경을 알 수 있는 능력을 키운다면 가짜뉴스로 인한 잘못된 선택과 잘못된 삶으로 인생의 방향이 흔들리지 않습니다.

　건전한 비판은 민주주의 사회에서 필요한 동력입니다. 이제 우리나라의 선거연령도 만 19세에서 만 18세로 하향되었습니다. 언제나 어리다고 생각하던 아이가 투표장에 들어가 국민의 의무와 권리를 행사합니다. 가짜뉴스와 바른 정보를 구분할 수 있는 눈을 키워 주어 자기주도적 삶을 살게 하는 것이 우리 부모 역할입니다.

2장
하바드 키즈 부모들의
절대 원칙 6가지

부모가 모범을 보여라

**아이가 바르게 크는 것을 원한다면 부모가 책 읽는 모습을
보여 줘야 해요**

　큰아이가 4살 때였습니다. 아빠를 따라 일찍 일어난 큰아
이가 신문을 들고는 화장실로 갔습니다. '콩콩콩' 뛰어다니는
행동이 귀여워서 마냥 보고 있었습니다. 변기에 앉은 아이는
신문을 펴고는 뚫어지게 쳐다보았습니다. 글자도 모르는 아이
가 화장실에서 신문을 읽는 아빠를 흉내 내는 것이었지요. '아
이 앞에서는 숭늉도 맘대로 못 마신다.' 하는 속담에 딱 맞는
이야기였습니다. 저와 닮아지려 하는 아이의 마음이 느껴지는
순간이었습니다. 지금 이 글을 쓰는 순간에도 가슴이 따뜻해
져 옵니다.
　이 현상은 무엇을 말하는 걸까요?
　아이는 부모의 모습을 보면 똑같이 따라합니다. 아이의
모방은 그냥 흉내 내는 것이 아니라 분명한 의도를 갖고 모방

합니다. 1998년 멜초프Andrew Meltzoff라는 박사가 상자 윗면에 아빠가 이마를 대면 불이 켜지는 것을 아이에게 보여 주자 아이가 의도적으로 따라하는 것을 확인했습니다. 이렇게 따라하게 하는 것은 뇌에 거울 뉴런 체계가 있기 때문입니다. 인간의 거울 뉴런은 전두엽, 두정엽, 측두엽에서 종합적으로 작용하기 때문에 체계라는 말을 사용합니다.[1]

아이들에게는 이 거울 뉴런 체계가 있다는 것을 알았으니 우리가 해야 할 것은 무엇일까요?

첫째, 인사하기, 정리 정돈 잘하기, 공공질서 잘 지키기, 부부간 막말하지 않기 등 부모가 먼저 바른 모습을 보여 줘야 합니다. 아이는 은연중에 따라합니다. 안 좋은 것을 더 잘 따라 합니다. 가정폭력을 당한 아이가 나중에 폭력을 행사하는 비중이 그렇지 않은 아이보다 3배나 높다고 합니다.[2] 은연중에 배운 폭력이 대물림됩니다. 그러므로 우리는 아이들에게 바른 모습을 보여야 합니다.

둘째, 부모가 먼저 책 읽는 모습을 보여야 합니다. 책이 많아도 읽지 않으면 아무 소용 없습니다. 부모가 읽지 않으면 아이도 읽지 않습니다.

이 책의 목적은 언어능력 향상입니다. 필자는 부모들이

텔레비전을 끄고, 스마트폰을 멀리하고 책을 읽는 모습을 자주 보여 주어야 한다고 강조 또 강조합니다. 이런 모습들을 자주 보여 주면 공부하라고 하지 않아도 자연스럽게 공부하는 습관이 길러집니다. 습관이 되지 않더라도 습관을 만들 수 있는 기초가 됩니다. 부모 자신이 책을 안 읽으면서 아이에게 책을 읽으라고 하면 아이는 얼마나 황당할까요?

스트레스는 아이의 뇌를 파괴한다. 항상 웃게하라

아이는 항상 웃어야 해요

영유아기의 아이는 부모가 항상 웃게 만들어야 하고 스트레스도 받지 않아야 합니다. 이유는 다음과 같습니다.

우리 몸의 뇌는 스트레스를 받으면 코르티솔Cortisol이라는 호르몬을 분비합니다. 이 호르몬이 지속해서 과다하게 분비되면 해마가 입습니다. 단기기억을 장기기억으로 만드는 일을 해마가 합니다. 손상된 해마로는 학습이나 새로운 기억을 할 수 없습니다. 어른의 뇌도 이런데 뇌가 연약한 3세 이하의 유아에게 코르티솔을 분비하게 하는 스트레스를 가하면 아이는 신경질적이고 폭력적으로 변합니다. 나아가 뇌 발달을 저해하여 인지발달을 어렵게 합니다.[3]

미국 위스콘신대학교University of Wisconsin-Madison 연구진은 이를 실험으로 증명했습니다. 우선 또래보다 지능이 낮은 것으로 의심되는 9세에서 14세 사이의 아이 61명을 선별했습니다. 아이들의 뇌를 자기공명장치로 촬영한 후 부모들을 인터뷰했습니다. 공통적으로 극심한 스트레스를 어렸을 때 겪은 것을 확인했습니다. 연구진은 여러 개의 상자를 놓고 그중 한 곳에 동전을 넣고 찾는 단기기억 테스트를 진행했습니다. 예상대로 아이들은 단기기억 테스트 통과에 어려움을 호소했습니다. 자기공명영상MRI으로 공간작업기억을 담당하는 전측 대상회의 크기가 작은 것도 확인했습니다. 극심한 스트레스로 인지능력을 담당하는 전전두엽의 기능이 저하되었습니다.[4]

부위는 달라도 스트레스는 아이의 뇌 성장에 악영향을 끼칩니다. 아이들은 항상 웃음이 입가에서 떨어지지 않아야 합니다. 아이들에게 스트레스를 주는 것은 무엇일까요?

잘못된 부모의 선先교육과 사교육, 학습지입니다. 대표적으로 학습지는 아이들에게 심각한 스트레스를 줍니다. 하루하루 책임량을 해야 하기 때문입니다. 어른도 매일 목표량에 맞춰 공부하는 것을 어려워하는데 아이들은 얼마나 힘들겠습니까?

내일이 노는 날이라서 좋은 것이 아니라 공부량이 쌓여가는 날이라 밤에 잠을 자는 것이 두렵습니다. 매일 학습지와 학습량이 쌓이니 스트레스도 같이 쌓여갑니다.

아이는 부모의 잘못된 부탁도, 교육도 사랑으로 알아요

4살 된 큰아이와 산책하다 한글을 가르칠 요령으로 아이와 약속했습니다. 집에 있는 한글 글자판을 '하루에 한 번씩 읽어 보기다.' 하고요. 아이는 아빠의 말에 좋다고 대답했습니다. 다음 날 퇴근하고 집에 오자마자 아내가 반갑게 맞아 주지는 않을망정 불같이 화를 냈습니다. 이유를 묻자 아내가 설명해 줬습니다.

설명은 놀라웠습니다. 제가 퇴근할 시간이 되자 아이가 불안한 행동을 보이고 벨이 울리자 갑자기 일어나서 한글 글자판을 손으로 집어가며 부지런히 읽기 시작했다는 거였습니다. 온종일 엄마와 노는데 정신이 팔려 읽는 것을 잊어버렸다가 벨 소리에 아빠와의 약속이 생각난 것이지요. 얼마나 불안하고 자신을 원망했을까요? 제가 아이에게 정서적 압박을 준 거였습니다.

아이는 약속을 지키려 최선의 노력을 다했습니다. 아이에게 미안했습니다. 한글 글자판 읽는 것이 저에게는 금방이고 쉬운 행동이지만 아이에게는 어려운 일이란 것을 미처 생각지 못했습니다. 이렇게 어려운 것을 하루에 한 번씩 하기로 약속했으니, 아이에게 미안한 마음이 들었습니다. 저는 아이를 꼭 안아 주었습니다. 그리고 이런 것 안 해도 아빠는 너를 사랑한다고 말해 주었습니다.

아이는 부모의 잘못된 부탁도, 교육도 사랑의 표현으로 생각합니다. 힘들고 어려워도 아이는 엄마 아빠의 사랑에 대한 보답이라고 묵묵히 합니다. 아이의 이런 모습을 부모는 대견스러워합니다. 아이가 지쳐 가는 것도 모르고 부모는 좋아합니다. 반면 아이는 스트레스를 받습니다. 아이에게 스트레스를 주지 말아야 합니다. 부모가 아이랑 열심히 놀아 주고, 열심히 책을 읽어 주고, 열심히 스킨십을 해 주면 됩니다. 머리를 좋게하는 교구나 교재도 필요 없습니다. 우리 아이가 남들과 다르고 우수하기를 기대하지 마십시오. 아이가 건강하게 나에게 와준 것만을 감사하십시오.

조기교육이 아이의 뇌에 미치는 영향의 흐름[5]

| 0~7세 아이의 뇌는 학습할 준비가 되어 있지 않다 | ⇨ |

| 조기교육으로 미성숙 뇌 학습 | ⇨ | 코르티솔 스트레스 호르몬 분비 |

| ⇨ | 뇌에 치명적 영향 | ⇨ | 뇌 발달 저해 |

학습 스트레스에 따른 증상의 흐름[6]

조기교육, 사교육을 많이 받은 아이들에게서
낮은 언어능력 발생, 나쁜 공부 정서와 함께 공부를 싫어함

⇩

유아기 학습으로 공부 흥미 상실, 학습 무기력증 발생

⇩

영아기 조기 한글 공부로 글은 읽지만 뜻을
이해하지 못함. 과잉언어증(다독증) 발생

⇩

강도 높은 학습을 계속할 경우에는 후천적 자폐 증상 발생
(영어 영재, 독서 영재 중 다수)

공부보다 중요함 잠, 충분히 재워라

잠이 아이들에게 주는 3가지 효과

취학하기 전의 아이는 노는 시간 아니면 무조건 자야 합니다. 취학 후의 학생이라도 공부시간과 노는 시간 아니면 무조건 자야 합니다.

취학 전과 취학 후에 달라진 거라면 공부시간이 추가된 것밖에 없습니다. 필자가 이렇게 잠의 중요성에 대해 말하는 이유는 영아, 유아, 성장기 아이들에게는 잠이 공부보다 중요하기 때문입니다. 어느 무엇과도 양보할 수 없습니다.

아이에게 왜 잠이 중요할까요? 잠은 3가지 효과가 있습니다.

첫째로 키 성장이 빨라집니다.

'아이들은 자면서 큰다'라는 말이 있습니다. 실제로 그럴까요?

캐나다의 에모리 대학 미쉘 램플Michelle Lampl 교수는 '낮

잠이나 밤에 잠을 잘 자는 아이는 키 성장이 빠르다'라는 것을 확인했습니다. 무려 평균보다 많은 시간 잠을 잔 유아는 성장호르몬이 43%나 더 많이 분비됩니다. 1시간 잘 때마다 성장호르몬이 20% 증가합니다. '아이가 자고 일어나면 더 커 있는 것 같은 느낌이다'라는 옛날 어르신들의 말씀이 딱 맞습니다.

둘째, 아이들의 뇌 발달에 영향을 끼칩니다.

2021년 6월 환경부 지정 서울의대 환경보건센터에서 '6세 아동의 수면시간이 증가할수록 IQ 점수가 높다'라는 연구 결과를 〈국제행동의학 저널〉에 발표했습니다.[7] 아동 수면 시간과 아이 IQ의 연관성을 분석하는 연구였습니다. 대상은 서울, 경기, 인천지역, 만 6세 538명의 아동을 대상으로 수행했습니다.

실험 결과, 10시간 이상 잠을 잔 아이가 8시간 이하로 잠을 잔 아이보다 IQ 점수가 10점이나 증가한 것을 알 수 있었습니다. 여아보다 남아에게서 더욱 뚜렷한 경향을 보였습니다. 양질의 수면은 기억력을 15% 이상 개선한다는 하버드대학교 스틱골드Robert Stickgold 박사팀의 연구와 똑같았습니다.

셋째, 정서적 안정을 꾀합니다.

잠을 자게 되면 뇌는 바쁘게 일합니다. 아이가 깨어 있는 동안 보고 들은 것을 자는 동안 정리하여 지식으로 만듭니다. 잠은 아이를 육체적으로나 정신적으로 쉬게 합니다. 수면이 부족하면 아이는 신경질적으로 변하고 짜증이 많아집니다.

이 상황이 장기간 반복되면 아이의 성격은 신경질적으로 변합니다. 미국 매사추세츠 보스턴 아동병원 연구팀의 연구 결과는 더욱 무서운 경고를 합니다. 유아기 때의 수면 부족은 당시에는 나타나지 않지만 7세 이후에 아이에게 문제행동을 유발한다는 것이었습니다. 잠복하던 바이러스가 병을 일으키는 것과 같습니다.

안전 관리 이론에 작업자의 권장 안전 수면시간이 나옵니다. 어른에게도 수면이 중요한 요소라는 것을 보여 줍니다. 잠은 안 자면 사라지는 것이 아니라 점점 쌓입니다. 사람의 몸에 나쁜 영향을 끼칩니다. 우리 신체를 인생의 바다를 항해하는 배로 비유하자면 잠을 안 자는 것은 배에 무거운 짐을 계속 올려놓는 것과 같습니다. 잠을 안 자면 결국 배는 가라앉습니다.

멜라토닌은 마법의 가루

잠이 우리에게 좋은 효과를 발생시키는 것은 무엇 때문일까요?

멜라토닌melatonin이라는 호르몬 때문입니다. 멜라토닌은 뇌와 몸을 보호하는 재주 많은 호르몬입니다. 생체리듬을 지켜 주고 면역력을 증대시키고 활성산소를 제거하여 암 예방을 합니다. 아이들에게는 성장호르몬의 분비를 촉진하여 해마를 활동적으로 움직이게 합니다. 해마는 뇌의 밑 부분에 위치하여, 외부 자극을 기억과 관련된 정보로 바꿔 주는 역할을 합니다. 멜라토닌은 아이들의 해마를 작동시키는 연료입니다.

성인의 경우에 멜라토닌 호르몬은 유방암과 전립선암을 예방합니다.[8] 멜라토닌 호르몬은 자녀와 부모 모두 필요한 호르몬입니다.

그럼, 마법의 가루 같은 멜라토닌 호르몬 분비를 촉진하는 방법은 무엇일까요?

정답은 잠입니다. 잠자기 위해 눈꺼풀을 감으면 눈의 망막이 어둠의 신호를 감지합니다. 최첨단 생체 메카닉 뇌는 이 신호를 바탕으로 멜라토닌을 분비합니다. 아무 때나 잠을 잔다고 멜라토닌이 분비되는 것이 아니라는 것을 잊지 말아야 합니다. 멜라토닌이 분비되는 시간은 정해져 있습니다. 그 시간은 우리가 반드시 자야 하는 밤 11시부터 새벽 7시까지입니다. 뇌는 새벽 2시에 멜라토닌을 가장 많이 분비합니다.

잠을 자야 멜라토닌 호르몬이 나온다는 것과 호르몬이 나오는 시간을 알아보았습니다. 그럼 아이들의 적정 수면시간은 얼마나 될까요?

보통 2세 이하의 아이들은 최소 13시간 이상, 4세 아이는

11시간 이상, 6세 아이는 9시 30분 정도, 초등 아이는 10~11시간, 청소년은 8~10시간의 수면을 추천합니다.

이 추천 수면시간을 못 지키면 어떻게 될까요?

만약 2세 아이가 11시간 이상 잠을 자지 못하면 분노와 신경질적인 행동을 보이고 점차 과잉행동이 많아지며 때로는 공격적으로 변합니다.[9] 청소년의 수면시간과 자살 충동 연구에 따르면 수면시간이 7시간 미만의 남학생이 느끼는 자살 충동은 그렇지 않은 학생보다 1.9배, 여학생은 1.3배 높습니다.[10]

문제행동을 하고 자살 충동을 느끼는 아이가 내 자녀인데 내가 알아차리지 못했다면?

몸서리쳐지는 가정입니다. 지금 우리 청소년의 평균 수면시간이 7시간입니다. 초등학생은 조금 많은 8시간입니다.[11]

권장 수면시간 8~10시간, 10~11시간에서 턱없이 부족합니다. 거의 모든 아이가 문제행동을 하고 자살 충동을 느끼고 있습니다.

제발 아이들에게 잠잘 시간 좀 주세요

잠을 줄이는 요인은 무엇일까요?

아이들에게 들은 수면 부족의 원인은 공부(숙제/인터넷 강의/자율학습)가 62.9%, 인터넷 사이트 이용(동영상/만화/블로그)

이 49.8%, 학원 및 과외가 43.1%, 채팅(카카오톡/문자메시지)이 42.7%로 나타났습니다. 변수를 종합해 보면 부모의 욕심과 잘못된 디지털 기기 사용이 아이의 수면시간을 줄이고 있습니다.[12]

부모의 공부 욕심과 디지털 기기의 폐해에 대한 무지가 우리 아이를 잘못된 길로 모는 것이 아닌가 반성해야 합니다. 사춘기 자녀의 돌발행동이 그동안 수면 부족에 따른 문제일 수도 있습니다. 아이에게 충분한 수면시간을 보장해야 합니다.

어떻게 해야 아이가 질 높은 수면을 취할 수 있을까요?

영아와 유아, 청소년을 떠나 무조건 9시 이전에 자야 합니다. 나이에 따라 잠자리에 드는 시간이 조금씩 달라지지만 일단 9시는 넘지 말아야 합니다. 청소년이면 조금 늦어도 된다고 생각할 수 있습니다. 하지만 청소년의 필요 수면시간을 맞추기 위해 반드시 9시에 잠자리에 들어야 합니다. 앞의 위험성을 생각해 보면서 절대 양보하면 안 됩니다. 공부가 부족하고 숙제가 남아 있어도 그것은 아이의 문제입니다. 본인이 시간 관리를 잘못했습니다. 아이의 시간 관리를 습관화하고 싶다면 반드시 9시에 잠자리에 들게 해야 합니다.

미취학 아동이나 영아들은 어떻게 해야 할까요?

잠드는 시간이 되면 온 집안을 잠자는 분위기로 만들어야 합니다. 집안의 불이란 불은 모두 끄고 창은 암막 커튼으로 들어오는 빛을 막습니다. 텔레비전도 끕니다. 작은 LED 불빛도 차단합니다. 이런 준비과정으로 아이에게 놀면 안 되고 자는 시간이라는 것을 알려 줍니다.

간혹, 잠자다 아기가 놀란다고 수면등을 켜 주는 부모도 있습니다. 습관적으로 불을 켜고 자는 부모도 있습니다. 이것은 앞서 설명한 멜라토닌 분비를 막는 행위입니다. 눈을 감아 동공에 어둠이 전해져야 하는데 아이의 눈동자는 계속 빛에 반응합니다. 동공이 계속 움직입니다. 우리의 똑똑한 뇌는 수면등을 해도 착각하여 낮이라고 판단합니다. 당연히 멜라토닌을 분비하지 않습니다. 잠을 잤지만, 이상하게 피곤이 풀리지 않는 것 같은 것은 이 수면등 때문입니다. 심하면 아이의 눈에 난시라는 질병을 불러올 수 있는 잘못된 행동입니다.

큰아이가 6살 때 폐렴으로 6인 병실에 입원한 적이 있었습니다. 그때 저녁 9시가 되어 병실의 불을 끄려 하자 한 부모가 정색하며 막았습니다. 자기 아이는 불을 끄면 불안해서 불을 켜고 자야 한다는 거였습니다. 할 수 없이 병실의 불을 밤새도록 켜 놨습니다. 저는 수건을 접어 아이의 눈을 덮어 주었습니다.

문제 부모의 아이는 돌이 갓 지난 아이였습니다. 수면교육이 어느 정도 돼야 할 나이지만, 낮이건 밤이건 계속 엄마에게 '징징' 댔습니다. 아픈 것도 있겠지만 밤새도록 설 자서

깨고 일어나기를 반복하니 아이가 깊은 잠을 못 잔 게 확실했습니다. 아이는 불안 초조해했습니다. 어쩌면 아이가 아픈 것도 잠을 못 자 생긴 병이 아닌가 하는 안타까운 마음이 들었습니다. 결국, 탁상등을 집에서 가져와 아이에게만 켜는 것으로 합의보고 병실의 불을 껐습니다. 부모의 잘못된 지식으로 아이가 고생하는 모습이었습니다. 퇴원할 때까지 아이는 긴 잠을 자지 못하고 계속 쪽잠만 잤습니다.

맞벌이 부부는 어떻게 하냐고 하소연하실 수 있습니다. 부모와 아이는 삼국사기의 망부석 설화처럼 서로 온종일 애타게 그리워했습니다. 저녁시간은 부모와 아이가 함께 웃고, 안고 서로를 느낄 수 있는 유일한 시간입니다. 아이는 부모와 더 놀고 싶은 마음뿐이고 부모는 아이에게 미안한 마음뿐입니다.

이 둘의 사랑의 욕구를 해결할 방법은 육아 박사들 말씀처럼 같이 있는 시간에 최선을 다해 놀아 주는 것입니다. 다만 방법을 조금 바꿉니다. 저녁 먹고 나서 잠잘 시간이 되면 불을 끕니다. 방 주변에 다칠 만한 것은 미리 다 치워 놓습니다. 어둠 속에서 아이를 안아 주며 놀아 주기 시작합니다. 서로 보이지 않으니 스킨십을 더 많이 합니다. 껴안기, 아빠에게서 빠져나오기, 아빠와 팔씨름하기 등 몸놀이로 아이를 지치게 합니다. 아이가 지치면 누워서 옛날이야기를 들려줍니다. 이야기를 잘 모르면 서점에서 옛날이야기만 모아 놓은 책을 사 읽어 두는 것도 좋습니다. 아니면 우리나라 역사 이야기를 재미있게 해줘도 좋습니다.

  이야기로 아이와 함께하는 잠자기 준비 시간을 가져보세요. 엄마 아빠랑 아이가 함께 어울리다 보면 아이는 질 높은 수면을 취할 수 있습니다. 부모에게 이것보다 더 좋은 피로회복제는 없습니다.

많은 장난감은 독, 결핍으로 생각하는 놀이를 하게 하라

많은 장난감은 오히려 아이에게 독이 돼요

우리 아이들에게는 얼마나 많은 장난감이 있을까요?

영아 때는 아이의 두뇌 발달, 소근육 발달을 위해 비싼 돈을 들여 장난감을 사줍니다. 아이가 걸을 때쯤에는 집어서 사달라고 합니다. 안 된다고 이야기해도 아이가 조르면 어쩔 수 없습니다. 그렇게 사준 것이 이제 방 한 벽면을 가득 채웁니다. 아이와 함께 장기간 외출을 나가면 차 트렁크에 장난감만 가득합니다.

아이의 머리가 좋아지는 장난감이 있을까요?

문구업체에서는 '아이의 인지 발달이 3세까지다. 이때가 인지 발달의 결정적 시기다.' 하면서 인지능력 발달을 놓치면 아이의 교육이 어렵다고 홍보합니다. 부모는 걱정스러운 마음에 지갑을 엽니다. 이 시기가 지나면 2부가 기다리고 있습니다. 7세까지가 지능 발달에 결정적 시기라고 합니다. 한번 큰 목돈을 주어 불안한 마음을 달랬는데, 또 불안이 옵니다. 부모는 지갑을 또 엽니다. 비싼 돈을 들여 샀지만 아이는 몇 번 놀다 맙니다. 엄마는 속상합니다. 아이 앞에서 장난감을 이용하여 노는 것을 보여 주지만 이제는 놀이가 아니라 학습이 됩니다. 아이가 노는 것이 아니라 엄마가 놀고 있습니다.

사교육 시장의 교재교구의 진실은 어떨까요?

교재, 교구 이론 배경으로 자주 활용되는 다중지능이론 창시자 하워드 가드너Howard Gardner 교수는 이론 시작 때부터 자신의 이론이 왜곡, 오용되었다고 말합니다. 그러면서 한국의 부모들과 교수들에게 사교육 업체의 주장을 믿지 말라고 강력히 권고합니다.

한 번쯤은 들어 보셨을 몬테소리montessori 교육은 어떻고요? 몬테소리 교육은 본래 장애학교에서 출발해 자립적인 인간을 키우기 위한, 즉 신체 능력, 감각, 언어와 수 개념 등 기초적인 발달 훈련을 위한 교육법입니다.[13] 장애아를 위한 교재가 비장애 아이의 지능 발달 교재로 바뀌었습니다.

글자판에 전자연필을 대면 영어와 한국어로 글자를 읽어 주는 교구가 있습니다. 이 교구를 사주면 아이는 신기해서 이곳, 저곳 눌러봅니다. 부모는 이 모습을 보면서 흐뭇해하죠. 재미있는 사실은 교구의 교재로 공부시키기 위해 아이에게 연필을 쥐여 주면 아이는 더는 가지고 놀거나 학습하지 않습니다. 비싸게 산 교구가 한 번 놀고는 방 한구석에 다른 장난감들과 함께 처박힙니다.

장난감을 가지고 노는 아이는 보통 혼자 놀고 있습니다. 엄마는 아이가 혼자 놀고 있으면 일을 할 수 있고 쉴 수가 있어 좋습니다. 장난감이 관계의 매개체가 돼야 하는 데 관계의 단절을 만듭니다. 이것이 진정 좋은 일일까요?

유명한 K-드라마 〈오징어 게임〉을 보십시오. 고무줄 하나, 구술 하나만 있으면 해질 때까지 친구들과 온종일 놉니다. 없더라도 몸으로 놉니다. 장난감의 디테일과 섬세함이 문제가 아니라 관계가 중요하다는 것을 보여 줍니다. 미래사회에서는 상대를 이해하고 관계를 맺는 것이 다른 어떤 것보다 중요하다는 것을 깨달아야 합니다.

만들어진 장난감을 아이에게 많이 사줘 버릇하면 자칫 잘못된 쇼핑 습관을 길러 줍니다. 갖고 놀고 싶어서가 아니라 모으기 위해 구매합니다. 완구업체에서는 상술로 인형과 로봇을 시리즈로 만듭니다. 아이는 시리즈 모두를 가지고 있으면 흐뭇해합니다. 이걸로 끝입니다. 더는 가지고 놀지 않습니다. 더 중요한 것은 아이가 결핍을 모르게 됩니다. 결핍은 아이를 움직이고 생각하게 하는 힘의 원천입니다. 결핍의 힘을 아는 빌 게이츠는 아이에게 주당 1달러만 용돈을 줬습니다.

아이를 심심하게 해야 합니다. 심심한 아이는 무언가를 찾습니다. 집 한구석에 있는 조그마한 거미를 관찰하고, 날아다니는 파리를 쫓아다니기도 합니다. 파리를 쫓다 눈이 우리와 다르다는 것을 압니다. 심심하면 의자를 베란다로 가지고 가 그곳에 앉아 햇볕을 쬡니다. 아이들은 스스로 놀거리를 만듭니다. 외국의 생태 유치원을 보십시오. 온종일 걷고 땅을 파기만 합니다. 그것이 놀이입니다. 발도르프 학습을 보더라도 디지털 기기나 만들어진 장난감이 없습니다. 나뭇가지와 돌멩이와 흙이 장난감입니다.

아이가 심심하면 우선 그림을 많이 그리기 시작합니다. 이때 종이접기를 가르쳐 주면 종이접기로 비행기, 자동차, 로봇 등을 만들며 상상의 나래를 폅니다. 소근육, 상상력, 창의력 교육이 지갑을 열지 않고도 됩니다.

아이가 장난감을 사달라고 조르면 어떻게 해야 할까요?

어떤 아이들은 마트에서 드러눕습니다. 어떤 분은 아이가 말을 못 알아듣는다고 그냥 혼냅니다. 이때는 아이에게 하나하나 설명해야 합니다.

'이걸 사주고 싶지만, 이걸 사면 네가 먹고 싶은 딸기(사과, 참외)를 사줄 수가 없어. 이걸 사고 딸기는 사지 말까?' 하고 아이의 눈높이에 맞춰 설명합니다. 아이는 말을 잘 못 알아듣더라도 엄마 아빠의 난처한 표정을 보고 '내가 이것을 사면 안 되는구나.' 하고 이해합니다. 이런 교감은 아이에게 언어능력과 남을 이해하는 능력을 키워 줍니다.

재러드 다이아몬드의 《어제까지의 세계》라는 책에 놀라운 사진이 있습니다. 모잠비크 아이들이 직접 만든 자동차를 가지고 노는 모습의 사진입니다. 사진을 자세히 보면 마치 전문가가 만든 것 같습니다. 아이들은 장난감을 직접 만들면서 바퀴의 원리, 차축 설계의 개념까지 배웁니다. 이것을 보고 우리가 알아야 할 것은 무엇일까요?

아이를 위한 것은 비싼 장난감이 아니라 충분한 휴식과 약간의 결핍이라는 사실입니다. 아이에게 심심함과 약간의 결핍을 주면 비싼 돈을 준 것보다 훨씬 많은 것을 아이가 얻습니다.

스킨십과 눈맞춤으로 애착을 형성하라

아이와 믿음을 갖는 정서적 친밀감을 가져요

'몹시 사랑하거나 끌리어서 떨어지지 아니함. 또는 그런 마음.'
'부모나 특별한 사회적 인물과 형성하는 친밀한 정서적 유대.'

둘 다 애착을 풀이한 말로 서로 사랑하고 있다는 사실은 확실합니다. 다시 말해 부모와 아이와의 사랑 관계를 애착이라 합니다.

아이가 태어나면 엄마와 아빠는 이제 아이가 없는 삶을 생각할 수 없습니다. 부모는 아이가 없으면 안 되고, 아이는 부모가 없으면 안 됩니다. 서로 떨어지려야 떨어질 수 없습니다. 우리는 아이와 이런 애착관계를 유지해야 합니다. 애착관계를 형성해야 아이가 정서적으로 기능적으로 발달합니다.

만약 서로에게 정서적 애착을 형성하지 않으면 어떤 일이 생길까요? 가까운 예가 있습니다.

1960년대 유럽의 남동부에 있는 루마니아는 독재자 차우셰스쿠Nicolae Ceauşescu가 지배하고 있었습니다. 그는 인구가 늘어야 부국이 될 수 있다는 믿음에 부부들에게 '자녀 할당제'를 폈습니다. 여성들은 최소 5명의 아이를 낳아야 했고 피임과 낙태를 금지했습니다. 부부들은 원치 않는 아이를 낳았습니다. 하지만 경제난이 오자 부모들은 아이들을 고아원에 버렸습니다. 고아원 아이들은 온종일 침대에 누워 지내야 했고 먹고 입는 것 외에는 돌봄 받지 못했습니다. 정서적 보살핌은 기대도 못 했습니다.

1989년 차우셰스쿠가 임시정부에 체포되고 처형되었습니다. 이후 아이들은 외국으로 입양되었습니다. 미국, 영국, 캐나다 등으로 갔습니다. 전문가들은 이 아이들에 관해 연구했는데 문제가 심각했습니다. 아이들의 20%가 애착 문제, 25.3%가 과잉행동 문제, 3.7%가 감정 문제, 18.9%가 대인관계 문제를 갖고 있었습니다. 아이들의 뇌도 정상 아이들보다 크기가 작았을 뿐만 아니라 평균 IQ도 현저히 낮았습니다. 성장한 후에 뇌를 확인한 결과는 더욱 놀라웠습니다. 인지 기억과 기억 기능을 담당하는 측두엽이 제대로 발달하지 못했습니다.

아이들은 영양실조에 각종 질병을 앓았고 또래 아이들보다 몸집과 머리둘레도 작았습니다. 애착이 뇌, 인지, 신체 정서 등 아이의 기능적 발달에 절대적인 영향을 끼친다는 사실을 알게해 준 불행한 사례입니다.[14]

이런 애착을 형성하는 시기는 언제며, 어떻게 해야 할까요?

애착은 0세에서 3세 사이에 거의 형성됩니다. 특히 생후 1년은 골든타임이라고 부를 정도로 가장 중요한 시기입니다. 하지만 애착 이론을 만든 볼비J. Bowlby에 따르면 이것은 고정된 것이 아니라고 합니다. 이후 아이의 경험에 의해 계속 수정된다고 합니다. 늦었다고 생각하시는 분도 희망을 품으세요. 다음 방법으로 아이와 애착을 형성할 수 있습니다.

애착을 형성하는 방법에는 스킨십과 눈맞춤이 있습니다. 먼저 스킨십입니다.

1959년 해리 할로우Harry F. Harlow와 로버트 짐머만Robert R. Zimmermann이라는 심리학자의 실험입니다. 철사만으로 된 원숭이와 부드러운 촉감의 천으로 된 어미 원숭이 인형으로 실험했습니다.

갓 태어난 새끼 원숭이를 어미에게 분리했습니다. 철사와 천으로 된 어미 원숭이 인형에게 각각 양육을 맡겼습니다. 철사 인형에게는 우유를 나오게 해서 영양분을 공급했습니다. 이와 반대로 천 인형은 아무것도 줄 게 없었습니다. 오로지 따뜻함만 줄 수 있었습니다. 원숭이 새끼들이 어느 어미를 좋아하는지 알아보는 것이 실험 목적이었습니다. 165일 동안의 시험 결과 새끼 원숭이들이 많은 시간을 천 어미와 보내는 것을 확인했습니다. 우유를 먹을 때만 철사 어미에게 갔습니다.

천 인형 엄마에게만 새끼 원숭이들이 애착을 형성했습니다.

'먹을 것을 주는 것으로 애착이 형성되는 것이 아니고 스킨십이 애착 형성에 중요한 것이다'라는 것을 실험을 통해 알았습니다.

아기 피부는 엄마 뱃속에 있을 때 뇌와 같은 외배엽에서 분화되어 발달합니다. 피부의 신경세포는 풍부한 신경회로로 뇌와 연결되어 있습니다. 피부로 전달되는 정보는 아주 미세한 자극이라도 다른 감각보다 훨씬 빨리 뇌로 전달됩니다. 이런 이유로 아기에게 피부는 제2의 뇌며, 스킨십은 아이의 뇌 발달과 정서 발달에 매우 중요합니다.[15]

다음으로 눈맞춤입니다.

영국 케임브리지대학교University of Cambridge 빅토리아 레옹Victoria Leong 교수팀은 눈맞춤이 얼마나 중요한가를 실험했습니다. 8개월 된 아이에게 뇌파측정 장치를 씌우고 자장가를 불러 주는 실험이었습니다. 먼저 아이를 바라보는 장면을 찍은 비디오를 보여 주며 자장가를 불러 주었습니다. 다음은 아이 옆에 앉아서 자장가를 불러 줬습니다. 실험 결과는 어땠을까요?

예상처럼 아기를 직접 바라보고 눈맞춤을 할 때 아이의

뇌파에 가장 많은 영향을 끼쳤습니다. 이때 아이는 소리 내어 반응하고 연구원의 뇌파와 빠르게 동기화하려 했습니다. 아이는 부모와 눈을 맞출 때 소통이 일어납니다. 눈맞춤은 아이와 부모의 대화입니다.[16]

실험 결과, 아이와 정서적인 친밀감을 만드는 것은 스킨십과 눈맞춤이라는 것을 확인했습니다. 애착 형성의 골든타임은 생후 1년이지만 이후 경험 때문에 바뀔 수 있다는 것도 알았습니다.

스킨십과 눈맞춤은 아이와 나 사이에 정서적 유대를 만드는 가장 쉬운 방법입니다. 스킨십과 눈맞춤 당장 실천해 보십시오. 회사에 갔다 올 때, 늦게 퇴근하고 와서도 수시로 아이를 안아 주십시오. 자는 아이라도 한 번씩 이마와 팔을 쓰다듬고 가십시오. 아이는 느끼고 있습니다. 일어나지 않았지만, 엄마와 아빠의 따스한 감촉과 자신을 사랑하는 뇌파를 느낍니다. 껴안고 나서는 눈을 맞추고 네가 나에게 태어나줘서 고맙다고 이야기하십시오.

스마트폰은 독, 책임질 때 사 줘라

디지털 기기의 접근은 최대한 늦게 하세요

큰아이가 초등 3학년, 작은아이가 2학년 때의 일이었습니다. 아내와 함께 장을 보고 와서 벨을 눌렀습니다. 문은 안 열리고 집안이 시끄러웠습니다. 후다닥 뛰어다니는 소리가 밖까지 들렸습니다. 잠시 후 문이 열렸는데 아이들 얼굴에는 무언가 숨기는 듯한 표정이 가득했습니다. 전원 코드가 빠져 있는 외부 방송 셋톱을 만져 보니 뜨끈했습니다. 텔레비전을 절제해서 보게 하려고 방송 셋톱을 떼어 놨는데 아이들이 알아서 연결해 본 겁니다. 한 번 보면 끊을 수 없는 만화 방송 채널이 수십 개가 있으니 얼마나 보고 싶었을까요? 아이들이 거짓말하는 것보다 낫다고 생각하여 부모가 있을 때만 시청을 허락했습니다.

과도한 텔레비전 시청은 아이에게 해가 됩니다. 그래서 아이가 태어나자마자 외부 방송을 끊고 4대 방송만 시청했습니다(전기세에 시청료가 포함되어 있어 유선을 끊어도 KBS, MBC, SBS, EBS는 시청할 수 있습니다). 엄마가 보고 싶은 드라마를 못 보는 것이 문제였지만, 효과는 만점이었습니다.

다른 방송들은 재미없어 아이들은 EBS를 주로 봤습니다. EBS 방송은 아이들에게 유익한 방송만 해줘 우리도 안심했습니다. 주말마다 도서관에서 빌려온 동물과 공룡 다큐멘터리를 아이들과 함께 봤습니다. 텔레비전 화면이 커서, 마치 동물원과 수족관에 나들이 나온 듯한 느낌이었습니다. 시키지도 않았는데 아이들은 오지에 사는 동물 이름과 공룡 이름을 외웠습니다. 이렇게 자연과 동물에 관심이 많았던 아이들이 텔레비전의 자극적인 화면에 굴복했습니다.

지금은 스마트 기기의 출연으로 아이들의 디지털 기기의 노출을 통제하기 어렵습니다. 이것은 여러 가지 문제점을 안고 있습니다.

실제 연구 사례를 들어 설명하겠습니다.

2015년에 서울 아산병원과 남부대학 공동연구팀이 만 2세 아이 1,800명을 대상으로 텔레비전 시청시간과 언어 지체 위험도의 상관관계를 조사했습니다. 조사 결과, 우리나라 아이들은 하루 평균 텔레비전 시청시간이 1시간 12분이고, 하루에 2시간 이상 보는 아이가 3분의 1, 600명이었습니다. 또한 연구팀은 1시간 이내로 텔레비전을 시청한 아이보다 2~3시간 시청한 아이의 언어 지체 위험이 2.7배나 크고, 3시간 이상 시청하면 3배 이상 증가한다는 무서운 결과를 알았습니다. 이렇게 단순한 텔레비전 시청이 아이의 언어능력을 지체시킵니다.

이유는 간단합니다. 언어 습득은 양방향 소통으로 이루어지는데 미디어는 단방향으로 상호작용이 일어나지 않습니다. 더 놀라운 것은 미디어는 시청률을 높이기 위해 자극적인 화면을 빨리 넘깁니다. 이런 화면을 많이 보면 뇌의 전두엽, 측두엽이 손상될 위험이 있습니다.[17]

최근에는 스마트폰을 많이 사용합니다. 아이들에게 스마트폰은 모든 것을 해 주는 마술 장난감입니다. 아이들은 스마트폰을 손에서 놓지 않습니다. 과도한 스마트폰 사용은 아이들의 생각할 기회를 뺏습니다. 이렇게 뇌 활동이 저하되면 안와전두피질에 이상이 생깁니다. 기억력, 사고력 등에 문제가 생겨 합리적인 판단이 어렵고 충동적으로 변합니다.

미국 워싱턴대University of Washington 데이비드 레비David Levy 교수는 이렇게 시각적 자극에 노출된 뇌를 '팝콘브레인 popcorn brain이라고 정의합니다. 이런 뇌는 후두엽만 겨우 움직입니다. 앞과 뒤의 연구 결과를 연결해 보면 과도한 스마트폰 사용은 결국 성장기 아이의 모든 뇌 부위를 망가뜨립니다.[18] 뇌가소성으로 회복은 가능하겠지만 그만큼의 시간과 노

력이 필요합니다. 이런 이유에서 인지 빌 게이츠는 자녀가 14
살이 되기 전까지 스마트폰을 사주지 않는다는 철칙을 세웠습
니다.[19]

스마트폰, 제발 좀 아이에게 주지 마세요

엄마와 아빠가 가슴에 손을 얹고 생각해 보십시오. 아이
가 식당이나 마트에서 찡얼댄다고 스마트폰을 주지 않았는지,
아니면 육아가 힘들어 텔레비전만 보여 주지 않았는지, 이렇
게 아이의 뇌 발달을 저하하고 망치면서 아이가 공부 잘하기
를 바라는 것은 아닌지, 지금이라도 잘못된 행동을 끊어야 합
니다. 어렵더라도 아이와 충분한 대화를 해야 합니다. 왜 안
되는지 말귀를 못 알아듣더라도 진심으로 이야기해야 합니다.
'메러비안의 법칙'에 따라 아이는 말을 못 알아듣더라도 엄마
의 눈빛 몸짓으로 받아들이고 있습니다.
학교의 모든 연락도 이제는 스마트폰으로 하는데 어떻게
해야 할까요?
'사줄 수도 없고 안 사줄 수도 없습니다.' 하고 하소연합
니다. 최대한 스마트폰 사주는 시기를 늦추고 아이가 스마트
폰 사용 절제 능력을 키우도록 엄마와 아빠가 먼저 모범을 보
이는 것이 해결 방법입니다. 스마트폰에는 이상한 마법이 있

어서 필요하지 않아도 만지게 되니 집에 오면 모든 스마트폰을 한곳에 모아둡니다. 전화가 오지 않는 이상 만지지 않도록 약속합니다. 사춘기 자녀가 있는 가정은 이 과정이 절대 쉽지 않아 각오를 단단히 해야 합니다.

네 살 아이를 둔 직장 동료가 있습니다. 그 친구는 전화하면 아침에 연락이 옵니다. 무슨 이유인지 물어봤습니다. 아이가 스마트폰 사용하는 것을 배울까 봐 앞 설명처럼 집 한곳에 스마트폰을 두어서 바로 받지를 못한다고 말했습니다. 스마트폰 사용이 필요하면 아이가 보지 않게 숨어서 사용한다고 부연 설명까지 해줬습니다. 급한 연락이 오면 어떻게 하나 하는 분들도 있지만 급한 연락은 없습니다. 실제로 제가 연락한 것도 안부였지 급한 것이 없었습니다. 부모들도 이참에 같이 스마트폰 중독을 끊으십시오. 계속 말하지만, 부모의 사랑은 모든 것을 가능케 합니다.

2020년에 육아정책연구소가 〈영유아의 스마트 미디어 사용 실태 및 부모 인식 분석〉 보고서를 발표했습니다. 만 12개월 이상 6세 이하 자녀를 둔 602명의 부모를 대상으로 조사했습니다.

자녀가 스마트 미디어를 사용한다고 응답한 부모는 59.3%였습니다. 스마트 미디어 최소 사용 시기는 만 1세가 45.1%,

만 2세는 20.2%, 만 3세는 15.1%였습니다. 수치에서 보듯이 첫돌부터 스마트폰을 가지고 노는 아이가 절반입니다.

사용 빈도는 '하루 한 번 이상'이 25.8%, '일주일에 1~2회'도 25.8%로 같은 비율이었습니다. 하루 평균 사용 시간은 '20~30분'이 19.1%, '40분~1시간'이 18.5%였습니다.

아이들은 유튜브 등 동영상 플랫폼(82.1%)을 통해 '장난감 소개 및 놀이 동영상'(43.3%)과 '애니메이션'(31.1%) 등을 시청했습니다.

스마트 미디어의 위험성은 중독입니다. 602명의 아이 중 스마트 미디어 과의존 위험군이 12.5%, 잠재적 위험군이 9.8%, 고위험군은 2.7%로 나왔습니다. 합치면 25% 유치원 아이 10명중 3명이 위험합니다. 이렇게 스마트 미디어 기기의 중독에 대해 만 1~3세 영아와 만 4~6세 유아 비교 결과는 더 유의미한 교훈을 줍니다. 만 4~6세의 잠재적 위험군은 8.3%, 고위험군이 1.7%로 나타났습니다. 반면 1~3세 영아는 잠재적 위험군이 11.3%, 고위험군이 3.7%이었습니다. 수치에서 보듯 유아보다 영아의 스마트 미디어의 과의존 위험군의 비율이 높습니다.

보고서는 '어릴수록 스마트 미디어 몰입도가 더 높아 스마트 미디어 고위험 사용자군이 될 가능성이 크다.', '유아에 비해 영아가 아직 충분한 인지적, 정서적 발달 단계를 거치지 못했기 때문'이란 결과로 해석합니다.[20]

정보화 시대에 스마트폰을 빨리 배우는 것이 좋다고 주장하는 분들도 있습니다. 그건 어디까지나 자기 절제가 형성된 이후를 말합니다. 어른도 스마트폰 중독을 우려하는데 이것이 잘못된 건지도 모르는 아이에게 절제를 기대하는 것은 불을 가지고 노는 아이에게 안전하게 놀라는 것과 같습니다. 불의 사용은 인류에게 혁신을 가져왔습니다. 하지만 잘못 사용하면 커다란 재앙을 가져옵니다. 불의 사용처럼 스마트폰 사용에도 제한과 절제, 기술이 필요합니다.

3장
부모와 함께하는
하버드 언어교육의 의미

1

언어교육은 아이와 추억을 쌓는 여행

언어교육으로 두려움이 아닌 추억의 씨앗을 심어요

앞 장에서는 시대 변화와 요구에 따른 언어교육의 필요성을 언급했습니다. 이번 장부터는 엄마와 아빠가 아이와 함께할 수 있는 언어교육 방법에 관해 설명하겠습니다. 본격적인 설명에 앞서 부모의 자세와 기본적인 지식을 설명하겠습니다.

가장 중요한 것은 아이를 믿고 아이와 함께해야 합니다. 함께한다는 말에 부모님 중에는 갑자기 머리가 지끈 아파져 오는 분이 있습니다. 안 아프던 두통이 온 이유는 뭘까요? 이유는 크게 3가지로 나눌 수 있습니다.

첫째, 앞으로 수능 언어영역에서 비문학 부분이 대폭 늘고 논술이 시험에 중요하다고 해서 걱정이 많습니다. 논술학원에 보내고 싶지만, 가정경제가 여의치 않습니다. 불안한 마음을 달래기 위해 관련 책들을 사봅니다. 아이와 함께할 수 있는 것들이 의외로 많습니다. 쉽다고는 하는데 감을 잡을 수 없습니다. 책에 있는 대로 집에서 부모가 해 주기에는 여력과 능력도 없습니다. 스트레스가 팍 올라갑니다.

둘째, 논술학원의 광고에 지레 겁을 먹습니다. '학원에서만 할 수 있다. 어려운 것이다. 이 시기를 놓치면 이 결과에 대해 다시 되돌릴 수 없다.' 하고 말하는 학원 광고에 겁을 먹습니다. 이런 '프로파간다' 선전 선동에 세뇌당해 스스로 나는 엄마표 학습을 할 수 없다고 지레 포기합니다.

셋째, 나는 '그동안 책을 읽어본 적이 없습니다. 글을 써본 적도 없습니다. 이런 내가 어떻게 아이들을 가르칠 수 있을까요?' 하고 포기합니다.

이런 두려움을 어떻게 극복해야 할까요?

긴장하지 않아도 됩니다. 앞서 설명했듯 모든 공부의 바탕이 되는 기술이 듣기, 말하기, 읽기, 쓰기입니다. 이 기술들은 배우기도 쉽습니다. 무엇보다 중요한 건 아이를 사랑하는 마음과 꾸준함입니다.

프랑스에서는 '콩틴comptine 시 외우기'라는 것이 있습니다. 시를 외워서 친구들 앞에서 발표합니다. 조그마하고 여린 초등학생에게 시를 외우게 하고 친구들에게 발표케 하다니 언뜻 보면 아이에게 스트레스를 주는 게 아니냐고 말할 수 있습니다.

　하지만 프랑스 학생들은 어려서부터 놀이처럼 시를 많이 외워서인지 시를 외우고 발표하는데 어려워하거나 거부감을 느끼지 않습니다. 부모들도 환영합니다. 처음으로 아이가 친구들 앞에서 시를 외워 발표합니다. 엄마도 초등학교 때 외운 시를 자녀들과 함께 외웁니다. 할머니와 할아버지는 흐뭇하게 바라봅니다. 시를 쓰고 그에 맞는 그림을 그린 공책을 아이들에게 보여 주면서 엄마는 자신의 엄마와 함께한 추억을 회상합니다. 이렇게 시 외우기는 할머니, 엄마, 아이까지 삼대가 함께하는 축제입니다.[1] 하나의 시를 삼대가 같은 감성으로 공유하니 얼마나 행복합니까?

　우리도 언어교육으로 아이와 함께 소중하고 행복한 감정을 공유하면 어떨까요? 함께하는 교육은 아이와 우리 가슴속에 그 씨앗을 심습니다.

지금이라도 나는 변화할 수 있어요

　교육의 시작은 바로 지금입니다. 늦었다고 할 때가 가장 빠릅니다. 언어영역은 하루아침에 이뤄지지 않습니다. 시험 대비로 짧은 시간 안에 할 수 없습니다. 교육의 시작은 지금이라는 사실만 명심하십시오.

언어능력, 국어시험은 어떤 아이들에게는 공부할 필요가 없는 과목이지만 어떤 아이들에게는 공부해도 성적이 오르지 않는 과목입니다. 그만큼 성적을 올리기도 어렵고 올라가면 공부하기가 편한 과목입니다. 야누스의 두 얼굴처럼 양면성이 확실합니다.

페이스북에 한 청년이 신세 한탄 글을 올렸습니다. 군무원 시험에 또 낙방했다는 사연이었습니다. 다른 과목들은 문제없는데 자꾸 국어에서 과락한다고 합니다. 세 번째랍니다. 국어에 많은 시간을 할애했지만, 성적이 올라가지 않았답니다. 어떻게 해야 할지 모르겠다고 도와달라고 글을 올렸습니다.

이와 비슷한 이야기를 친한 현직 의사분에게도 들었던 적이 있었습니다. 고등학교 시절, 예비 학력고사를 보면 다른 과목들은 만점에 가깝게 오르는데 국어만 제자리걸음이었답니다. 의대 입시에 국어가 발목을 잡을 것 같아서 힘들었다고 토로하였습니다. 이야기하며 인상을 잔뜩 찌푸린 것이 국어에 많이 질렸던 것 같았습니다.

가까운 이야기로 책을 집필하는 과정 중에 친구에게서 전화가 왔습니다. 자기 아들이 5학년인데 수학 서술형 문제를 푸는 데 어려움을 느낀다는 것이었습니다. 문제를 읽지만, 문제가 무슨 뜻인지 모르고 자기 마음대로 푼다는 것이었습니다. 전형적으로 독서습관이 잡히지 않은 아이들의 모습이었습니다.

이와 반대되는 사연도 있습니다. 사례로 써도 되냐고 물으니 흔쾌히 허락해 주셔서 올립니다. 오송의 한 중장비 학교 선생님으로 근무하는 백○○ 님입니다. 이분의 공부법이 다른 분들과 달라 소개합니다.

포스코가 포철일 때 입사하시고 한 차례 이직 후 한전에서 정년퇴직하셨습니다. 특이한 것은 퇴직 후에 젊은 사람들도 취득하기 어려운 자격증을 손쉽게 취득합니다. 그래서 '무슨 요령이라도 있습니까?' 하고 물어봤습니다.

백○○ 님이 대답했습니다.

"내가 초등학교 4학년 때 책 읽기에 재미를 붙였어. 그 당시 학교 도서관에 있는 책을 다 읽었지. 그랬더니 독서에 습관이 붙어서 그런지 남들은 4시간 걸리는 책을 나는 2시간이면 읽어. 그래서 공부하는 것이 그렇게 어렵지 않아."

제가 생각했던 것이 맞았습니다. 언어능력 특히 읽기능력은 평생의 공부에 바탕이 됩니다.

다른 분들의 사연도 있지만 여기서 마칩니다.

설명했듯이 듣기, 말하기, 읽기, 쓰기는 공부의 기본입니다. 배우기도 쉽습니다. 꾸준함, 성실함만 있으면 됩니다. 단,

지름길은 없습니다.

아이와 함께하는 언어교육은 아이의 손을 잡고 날아 새
로운 꿈을 꾸는 세계로 가는 행위입니다. 피터팬의 손을 잡고
네버랜드로 날아간 웬디와 아이들처럼 우리는 환상의 세계로
날아갑니다. 가슴 뛰지 않나요?

2

부모의 사랑이면 어떤 교육도 가능하다

엄마라면 어떤 교육도 가능해요

단발머리의 다부진 여자아이가 유치원 단복을 입은 아이들을 막아섭니다. 유치원 단복을 입은 아이는 셋이지만 막아선 여자아이를 비켜 세우지 못합니다. 유치원 아이들은 금방이라도 울음보가 터질 것 같습니다. '드르륵' 소리와 함께 신작로 옆의 집 문이 열립니다. 파마머리의 여인이 여자아이를 부릅니다.

"아리야!"

아이는 여인에게로 뛰어갑니다.

아이를 부른 여인은 아리의 엄마입니다. 엄마는 미안하기만 합니다. 얼마 안 되는 돈이지만 이 돈이 없어 아이를 유치원에 보낼 수 없었습니다. 여인의 얼굴에는 미안함이 가득합니다. 아리는 유치원에 못 가는 것에 화가 났는지 유치원 아이들에게 시비를 겁니다.

엄마는 조그마한 상을 폅니다. 아리는 많이 해 봤는지 어디선가 노트와 연필을 가져옵니다. 엄마가 '기억' 하고 불러주자 아리는 야무지게 쥔 연필로 '기억' 하고 소리 내며 써나갑니다. 엄마는 그 손을 애처롭게 바라봅니다.

아리는 초등학교에서 6년 내내 전교 1등을 합니다. 중학교에서도 3년 내내 1등을 합니다. 한 거라고는 엄마와 한 가정학습밖에 없습니다. 아리는 훗날 고등학교 선생님이 됩니다.

이 아리라는 아이는 필자의 누나고, 여기 나오는 여인은 필자의 어머니입니다. 제가 이 글을 쓰는 이유는 누나와 어머니를 자랑하려는 것이 아니고 제가 느낀 어머니들의 위대함에 관해 이야기하기 위함입니다.

필자의 어머니는 중학교 1학년이 마지막 학력입니다. 공부하고 싶었지만, 가정 형편상 학업을 그만둬야 했습니다. 딸이 자기와 똑같이 가정형편으로 유치원에 못 가니 얼마나 속상했을까요? 어머니는 바쁜 와중에도 누나를 가르칩니다. 어머니가 누나에게 가르쳐 준 것은 초등학교 기초학력뿐입니다. 어머니가 누나에게 중등 과정을 가르쳐 줄 수 있었을까요? 어머니 학력을 생각해 보십시오. 어머니는 공부할 수 있는 기초만 가르쳐 줬습니다. 누나는 이 기초를 이용하여 상업고등학교로 진학했지만 혼자 공부하여 선생님이 되었습니다.

초등학생을 위한 언어교육, 나의 어머니와 같은 사랑만

있으면 충분합니다. 여러분들의 사랑이 나의 어머니보다 더 하면 더했지 적다고는 생각지 않습니다. 글쓰기를 배우지 못 해서 가르치기를 머뭇거릴 때 나의 어머니 학력을 생각하십시 오. 중학교 1학년이 마지막입니다. 여러분들은 최소 고등학교 졸업이고 심지어 대학원까지 나오신 분들도 있습니다.

부모의 사랑만 있으면 됩니다. 겁내지 않아도 됩니다. 아 이와 함께 가면 됩니다.

3

듣기, 말하기, 읽기, 쓰기는 뫼비우스 띠처럼 돌아간다

듣기와 말하기가 읽기, 쓰기보다 먼저 진화했어요

언어활동은 듣기, 말하기와 읽기, 쓰기로 나눕니다. 같은 언어활동이지만 인간이 사용해 온 시간이 다릅니다. '남쪽의 원숭이'라는 뜻의 오스트랄로피테쿠스는 기원전 350만 년 전에 나타난 것으로 추정합니다. 인류의 조상인지 원숭이의 조상인지 의견이 분분하지만, 말을 하지 못했다는 것은 확실합니다. 몸짓, 표정 등으로 기쁨, 싫음, 좋음 등을 표현했습니다. 이후, 약 180만 년 전에 나타난 호모에렉투스(서서 걷는 사람)는 간단한 언어를 사용했다고 추정하고 있습니다.

이처럼 듣기는 인류가 태어날 때부터 발달한 기능입니다. 먹이가 되는 주변의 작은 벌레들의 소리, 천적인 맹수의 울부짖음과 발소리, 물소리, 바람소리 등을 듣고 생존하기 위해 발달했습니다.

여기서 듣는다는 것은, 뇌로 전달된 소리를 의미적으로

해석하는 것이 아닙니다. 소리의 의미를 해석하기 시작한 것은 말이 만들어진 180만 년 전입니다. 이때부터 소리를 뇌에서 의미를 해석하여 상대방의 의도와 뜻을 이해했습니다. 이처럼 듣기와 말하기는 인류가 공동체를 만들어 맹수들 속에서 살아가는 방편으로 진화했습니다. 후에는 인간들 속에서 살아남기 위해서 발전했습니다. 설명처럼 대충 따지더라도 180만 년이라는 시간 동안 듣기와 말하기는 진화했습니다. 아이들 옹알이를 인간의 DNA에 남겨진 고대 언어라고도 하는 학자들도 있습니다.

수만 년 동안 뇌가 맞춰 진화해 온 듣기와 말하기를 어려워하는 아이들은 없습니다. 일부 장애가 있는 아이는 제외합니다. 훈련을 시키지 않더라도 부모의 대화를 듣고, 형제의 대화를 듣고 자연적으로 듣기와 말하기를 합니다.

읽기와 쓰기는 어떨까요? 읽기와 쓰기는 문자가 있어야만 가능하다는 전제가 있습니다. 그럼 문자는 언제 발명되었을까요? 기원전 3500년 전에 메소포타미아 지역에서 수메르인이 만든 설형문자가 최초 문자입니다. 문자 모양이 쐐기로 찍어누른 것과 같아서 한자어로 설형楔形이라고 합니다. 다른 문자들은 어떠했을까요? 우리가 많이 쓰는 영어의 기원인 라틴 문자와 그리스 문자는 각각 기원전 7세기와 8세기입니다.

읽기, 쓰기 처음엔 누구나 어려워요

여기서 느낌이 오지 않습니까?

인간의 뇌에서 문자를 읽고 해독하는 능력과 문자를 쓰는 능력은 얼마 되지 않은 능력입니다. 인간의 뇌가 진화를 이루기에는 짧은 시간입니다. 거꾸로 해석해 보면 두 가지를 알 수 있습니다.

첫째, 읽기, 쓰기는 많은 에너지가 소모되어 뇌가 거부한다.
둘째, 읽기와 쓰기는 많은 훈련이 필요하다.

첫째 부분을 이야기하겠습니다.

유튜브 강의에서 《대통령의 글쓰기》의 작가 강원국 씨는 글을 쓰기 전에 청하 한 병을 마시고 몸과 뇌의 근육을 푼다고 합니다. 글 쓰는 것을 뇌가 당연히 받아들이도록 습관을 만드는 거라고 설명합니다. 《유혹하는 글쓰기》의 작가 스티븐 킹 역시 글을 쓰는 것이 어려워 술을 많이 마셨다고 합니다. 이렇게 대작가들도 뇌가 글을 쓰는데 적응하도록 훈련하고 준비시키는 방법을 고민하고 있습니다.

읽기, 쓰기는 뇌가 당연히 받아들이지 않는 과정입니다. 여러분들이 A4용지에 빽빽이 쓰인 자녀의 안내장을 보며 한숨을 뱉는 것은 당연한 현상입니다. 아이들의 독후감 숙제를 도와주기 위해 무엇을 해야 할지 몰라 당황하는 것도 당연한 현상입니다. 뇌가 당연하게 받아들이지 않는 활동을 하려니 얼마나 어렵겠습니까?

둘째 항목도 이야기하겠습니다. 이것은 시중에 나와 있는 독서법과 글쓰기 법에 관한 책의 양을 보면 알 수 있습니다. 각종 독서법과 여러 작가의 글쓰기 법에 관한 책이 서점 한편을 가득 채우고 있습니다. 반면에 듣기, 말하기 책은 상대적으로 적습니다. 이 비교만으로도 읽기와 쓰기는 훈련이 필요하다는 것을 보여 줍니다. 사람들이 책 읽는 것보다 유튜브를 좋아하는 이유를 설명해 주기도 합니다.

필자는 언어교육을 듣기와 말하기, 읽기와 쓰기로 나누었습니다. 추후 나오는 내용을 보면 듣기와 말하기는 양도 적고 대부분 유아 때의 교육내용입니다. 반면 읽기와 쓰기는 아동기 때 교육하는 내용입니다. 위의 설명처럼 읽기, 쓰기에 대한 교육내용이 많습니다.

참고로 듣기, 말하기, 읽기, 쓰기를 별개의 독립된 영역으로 보지 말아야 합니다. 이 4가지 영역은 서로 유기적이고 서로에게 영향을 주며 뫼비우스의 띠처럼 흘러갑니다.

4

언어교육은 적기가 없다.
한 살이라도 어린 나이에 시작하라

언어교육은 뇌가소성 때문에 언제라도 늦지 않아요

언어교육의 적기는 앞서 말했듯이 없습니다. 뇌가소성 Neuroplasticity 때문에 지금부터라고 생각하고 시작하면 됩니다.

시작 시기는 알았는데 뇌가소성이 무슨 말인지 궁금합니다.

뇌란 단어를 빼고 가소성이라는 말을 사전에서 찾으면 '고체에 외력을 가하여 탄성 한계 이상으로 변형시켰을 때, 외력을 빼어도 원래 상태로 돌아가지 않는 성질'이라고 설명하고 있습니다.[2] 뇌도 변형을 가하면 변형된 상태를 유지한다는 뜻입니다. 변형을 가하는 것은 무엇일까요? 학습입니다. 학습을 통해 뇌세포와 뇌 부위가 유동적으로 변하는 것을 뇌가소성이라고 합니다. 영국 신경학자 휴고 스피어스Hugo Spiers가 발견했습니다.

그는 런던 택시 운전사들이 런던 길을 세세하게 외우고 있는 것을 신기해했습니다. 런던은 과거의 모습이 그대로 보존되어 복잡한 길을 가지고 있습니다. 6.25 전쟁 때 폭격을 안 맞고 피난민들에 의해 형성된 길을 그대로 가지고 있는 부산을 생각하면 됩니다.

박사는 운전사들의 뇌를 MRI를 이용하여 찍었습니다. 뇌의 해마 뒷부분의 회색질 밀도가 일반인들보다 훨씬 높게 나타나는 것을 발견했습니다. 이 부분은 공간 탐색과 관련된 영역이었습니다. 수년에 걸쳐 길을 암기한 것이 뇌에 변화를 가져온 것일까? 박사는 궁금했습니다. 그는 다음 실험을 준비했습니다. 이번에는 택시 운전을 준비하는 훈련생 79명의 뇌를 수시로 찍었습니다. 39명이 최종 합격하였습니다. 합격자와 불합격자의 뇌 사진을 비교했습니다. 합격자의 회색질 밀도는 증가하였지만, 불합격자의 뇌는 일반인과 같았습니다. 훈련으로 사람의 뇌가 변한다는 것과 성인의 뇌도 변화할 수 있다는 사실을 알아냈습니다.[3]

그러나 저는 책 제목에도 말했듯 초등학교, 즉 사춘기 이전에 하기를 추천합니다. 사춘기 이전에 교육을 마치라는 이유는 사춘기가 시작되면 아들은 내 아들이 아니고, 딸은 내 딸이 아니기 때문입니다. 사춘기가 되면 아이의 뇌에 큰 변화가 일어납니다. 전두엽과 후두엽이 급속도로 발달합니다. 뇌의 변화에 따라 부모에게 친절했던 착한 아들과 딸은 어디 가고 얼굴에 불평불만이 가득 찬 이상한 아이가 집에 있습니다. 내 자식이 품 안에서 벗어나는 활동을 하는 시기입니다.

이런 시기에 아이에게 무슨 교육을 할 수 있을까? 말 한마디 건네는 것마저 삐친 호랑이 앞에 먹이를 가져다주는 것과 같이 살 떨리는 경험입니다.

책의 방향을 초등학생으로 정한 이유도 이 때문입니다. 교육은 사춘기 전에 마쳐야 합니다. 자녀가 만약 사춘기라면 잠시 기다리십시오. 사춘기가 끝나고 공부의 필요성을 느낄 때 언어교육을 해도 늦지 않습니다. 언어교육의 필요성을 아이가 느꼈을 때 부모는 이 책대로 조언만 해 주면 됩니다. 사춘기라는 질풍노도의 시기를 지난 아이는 성인으로서 행동합니다.

언어교육은 한 살이라도 어린 나이에 시작하는 게 좋아요

이왕 하는 김에 한 살이라도 어릴 때 하기를 추천합니다. 한 살이라도 어린 나이에 하라는 이유는 3가지 부가적인 효과를 보기 때문입니다.

첫째, 아이와 함께 언어교육을 하다 보면 아이와 친해집니다.

언어교육의 기본은 아이와의 대화입니다. 대화를 통하여 듣기, 말하기를 연습합니다. 같은 책을 읽고 글을 쓰면서 부모와 친밀감도 쌓습니다. 2017년 8월 9일 자 〈헬스조선 뉴스〉에 '짜증 · 반항… 중2병이라 무시하면 우울증 키울 수도'라는 제목으로 사춘기 아이를 대하는 요령이 나왔습니다. '우선 아이와의 눈높이를 맞춰 대화를 시도하라', '자녀를 친구라 생각하고 대화하라', '무조건 들어라' 등 언어의 방법에 대하여 설명하고 있습니다. 이미 아이와 이런 교감과 유대감이 깊다면 큰 문제 없이 사춘기를 넘깁니다.

둘째, 언어교육을 통해 어휘력과 문해력이 향상되면 자기주도학습을 빨리 시작할 수 있습니다. 공부 방법은 듣기와 읽기부터 시작합니다. '듣기는 들었지만 이해가 가지 않는다. 읽기는 읽었지만 이해가 가지 않는다'라고 말하는 이유는 어휘력과 문해력이 부족해서입니다. 어휘력은 단어의 뜻을 많이 아는 것이고, 문해력은 글을 읽고 아는 능력입니다. 학년이 올라갈수록 교과서가 더 높은 어휘력과 문해력을 요구합니다. 이것을 따라가지 못하면 진도 자체를 따라가지 못합니다. 중학교 때까지는 학원으로 해결되지만, 고등학교 때는 좌절하고 맙니다. 제가 책을 쓰는 이유이기도 합니다. 어휘력과 문해력을 하루라도 빨리 형성시켜 줘야 합니다. 이것은 아이에게 공부의 자신감을 심어 주며 자기주도학습이 시작됨과 동시에 사교육비를 줄일 수 있습니다.

셋째, 아이의 자아정체성을 키울 수 있습니다. 이것은 둘째의 내용과 어느 정도 비슷한 이야기입니다. 아이의 자아정체성이란 무엇일까요? 송재환 교사가 쓴《초등 1학년 공부, 책 읽기가 전부다》에 나오는 말을 빌리면 '자아정체성은 주변 사람들이 나를 어떻게 보느냐에 따라 형성되는 자존감과 비슷한 개념이다'라고 풀이하고 있습니다. 이와 비슷하게 필자는 아이가 학교에서 선생님들에게 어떤 존재로 자리매김하느냐로 설명하고 싶습니다.

　　하버드대 로널드 F. 퍼거슨 교수와 언론인 타샤 로버트슨의 저서《하버드 부모들은 어떻게 키웠을까》에서는 선생님에 대한 아이의 인식, 즉 자아정체성을 무척 중요하게 여깁니다. 선생님에게 어떻게 인식되느냐에 따라 선생님이 아이에게 많은 기회를 부여하고, 아이는 자신감을 느끼며 학교생활을 하기 때문입니다. 이 자신감은 아이를 스스로 움직이게 하는 원동력이 됩니다. 이 때문에《하버드 부모들은 어떻게 키웠을까》의 결론에는 아이에게 글자와 간단한 수를 가르친 다음 초등학교에 입학시키라고 합니다.

　　하지만 저는 반대입니다. 조기 사교육이 학습에 효과적이라는 연구 결과는 어디에도 없기 때문입니다.[4] 조기 사교육을 받은 집단과 받지 않은 집단의 국어 평균 점수는 49.25점대 50.86점으로 오히려 사교육을 받지 않는 아이들의 점수가 더 높았습니다.[5] 초등학교 3학년 때 어휘력과 이해능력 검사에서는 조기교육을 받지 않은 아이들의 점수가 더 높았습니다. 오히려 잘못된 사교육이 아이의 뇌를 망치기 때문에 역효과의 예가 더 많습니다.

즉, 조기교육과 선행교육을 하지 말아야 합니다. 아이는 학년에 맞는 어휘력과 문해력으로 수업만 잘 따라가면 문제없습니다. 수업을 잘 따라가면 자신감이 생깁니다. 선생님은 수업에 적극적으로 참여하는 아이와 더 많은 교감을 합니다. 아이의 자아정체성은 높아집니다.

아이의 언어교육은 언제나 가능합니다. 이 책을 읽고 필요를 느낄 때 지금 당장 시작하십시오. 반드시 부모가 함께 참여하고 사랑이 함께해야 한다는 것을 명심하고 실천하십시오.

5

삶에 의미를 찾는 공부는
우리 아이 자살을 막는다

언어교육으로 아이가 삶에 의미를 찾도록 해요

우리가 아이를 키우는 목적은 무엇일까요?

돈을 많이 벌게 하는 것이 목적이 아닙니다. 아이가 하나의 독립된 인격체로서 세상을 살아가게 하는 것, 즉 혼자서 논리적인 판단과 선택을 하고 책임질 수 있는 존재가 되는 것이 목적입니다.

이것을 이루기 위해 우리는 교육의 기본인 듣기, 말하기, 읽기, 쓰기 교육을 합니다. 하지만 듣기, 말하기, 읽기, 쓰기를 가르친다고 도깨비방망이처럼 하루 만에 아이가 바르게 성장하지는 않습니다. 기단을 잘못 쌓은 탑은 하루 만에 무너집니다. 우리는 아이 성장의 밑바탕이 되는 기단을 언어교육으로 쌓습니다. 언어교육으로 쌓은 튼튼한 기단은 아이를 올바른 성인으로 성장케 합니다.

그럼, 어떻게 기단을 쌓을까요?

어휘력과 문해력이라고 말하는 분도 있습니다. 물론 맞는 말입니다. 공부의 기본은 어휘력과 문해력입니다. 점수만 잘 맞는 아이로 키운다면 이 말은 맞는 말입니다. 그러나 우리의 교육목표에는 맞지 않습니다. 그리고 이런 식으로 공부를 한다면 인생의 긴 과정에 아이는 금방 지치고 맙니다. 마라톤을 완주해야 할 아이가 1500m 달리기를 뛰는 것과 같습니다.

인생을 살다 보면 많은 선택을 하게 되고 원치 않게 고난을 겪습니다. 단순히 점수와 대학을, 취업을 목적으로 아이가 인생의 기단을 쌓는다면 고난의 시기에 아이는 일어나지 못합니다. 바람 불면 금방 무너져 버리는 탑이 됩니다. 문해력과 어휘력은 기단 밑에 까는 자갈로 기단을 놓기 위한 준비입니다.

인생을 항해하던 중 풍랑을 맞더라도 지치지 않게 가도록 하는 것은 무엇일까요?

그건 바로 '나는 누구인가? 다른 사람들과 나의 관계는 무엇인가? 삶의 의미는 무엇인가?'라는 질문입니다. 아이는 읽기와 쓰기를 통해 질문하며 깨닫습니다. 부모는 아이가 이 세 가지를 깨달을 때까지 인생의 항해를 함께 합니다.

교육목표는 행복 추구나 높은 연봉에 있지 않습니다. 교육은 우리 아이가 삶에 암초에 걸리고 태풍을 만나더라도 대처할 수 있는 내적 끈기와 융통성 발달에 있습니다.[6]

우리 아이도 안전하지 않아요.
방법은 삶의 의미를 가르쳐 주는 거예요

청소년 자살이 사회적으로 문제입니다.

8년째 청소년 사망원인 1위는 계속 자살입니다. 2020년 자료에 따르면 중고생 10명 중 3명은 일상생활에 지장이 있을 정도의 슬픔이나 절망감을 느꼈습니다. 이것은 학년이 올라갈수록 더욱 높아집니다. 2020년 중 · 고등학생 중 2주 내내 일상생활을 중단할 정도의 슬픔이나 절망감 등 우울감을 느낀 비율은 28.2%입니다. 10명 중 3명입니다. 또한, 10대 청소년 10명 중 3명은 스마트폰 과의존 위험군이었고 사교육으로 하루에 여가시간이 2시간도 채 되지 않는 학생이 전체의 43.4%에 달했습니다.[7] 무려 절반입니다.

10명 중 3명이 자살 위험군에 들어가 있습니다. 내 아이는 아니라고 말할 수 있습니까? 어렸을 때는 '우리 아이가 건강하게만 커다오.' 하고 빌지만, 어느 순간 입시경쟁으로 몰고 있습니다.

지금 우리가 하려는 언어교육은 성적을 높이는 목적의 공부가 아닙니다. 아이들에게 삶의 의미에 대해 찾아보게 하는 것이 목적입니다. 삶에 대한 끊임 없는 물음에 답하는 연습이 된 아이들은 어려운 시기가 오더라도, 인생의 항해에 암초가 걸렸어도 슬기롭게 넘어갑니다. 삶의 의미에 대해 끊임없는 질문을 던지고 대안을 찾는다면 청소년 자살이라는 비극은 막을 수 있습니다. 언어교육을 단순히 학습의 목표로만 생각지 말고 우리 아이의 건강한 미래를 위해 생각해야 합니다. 무엇이 자녀에 대한 진정한 사랑인지 생각해 보고 함께 나가야 합니다.

4장
듣기는 언어교육의 시작

1

책 읽어 주기는 엄마 뱃속에서부터

아기는 뱃속에서도 다 듣고 기억해요

임신은 모든 부모에게 축복입니다. 둘의 사랑에 하늘이 보내준 선물입니다. 엄마는 혹시라도 태아가 잘못될까 봐, 이때부터 모든 것을 조심합니다. 짜고 매운 음식을 피합니다. 나쁜 생각을 하지 않게 텔레비전에 안 좋은 기사가 나오면 바로 넘겨 버립니다. 차라리 재미있는 드라마를 봅니다. 길을 가다 조금이라도 위험한 곳이 있으면 돌아가고 남편과 함께 간다면 남편에게 손을 내밉니다. 남편은 아내에게 든든한 버팀목입니다.

엄마는 태아가 뱃속에서 나쁜 말을 들으면 인성이 나빠질까 봐 좋은 말만 합니다. 인성을 좋게 하고 정서적 안정감을 주기 위해 신경을 무척 씁니다. 일을 마치고 돌아온 아빠는 엄마의 배를 만지며 태아와 이야기를 하거나, 동화책을 읽어 줍니다.

그러나 남편들은 태아교육에 소극적입니다. 물론 적극적인 남편도 있지만 대부분 소극적입니다. 그러다 보니 신혼 초라면 아내는 삐치고, 울기까지 합니다. 오래된 부부라면 부부 싸움까지 합니다. 이러한 행동은 뱃속의 태아에게 안 좋은 영향을 끼칩니다.

우리는 궁금합니다. 태아에게 말을 해 주고, 동화를 읽어 주는 것이 효과가 있을까요?

태아는 다 듣고 이야기 맥락도 알고 있다는 것이 답입니다.

이 궁금증에 대해,

독일 뷔르츠부르크대학교Julius−Maximilians−Universität Würzburg 카틀렌 베름케Kathleen Wermke 박사 연구팀이 신생아의 울음소리를 분석하는 연구를 했습니다. 연구진은 디지털 녹음기를 이용하여 수백 시간에 걸쳐 프랑스와 독일의 생후 2~5일 된 갓난아기 60명의 울음소리를 녹음했습니다. 컴퓨터 소프트웨어로 이 울음소리를 분석했더니 놀라운 결과가 나왔습니다.

프랑스 아기들의 울음소리는 프랑스어 사용자들의 억양처럼 처음엔 낮았다가 점점 커졌습니다. 반면에 독일 아이들은 독일어 사용자들의 말투처럼 울음소리가 처음엔 높았다가 낮아졌습니다. 연구진은 이 아기들이 임신 마지막 몇 달 동안 어머니의 음성을 쭉 듣고 있다가 이제는 말을 할 준비과정으

로 그 억양을 흉내 내고 있는 것이라고 결론지었습니다.[1]

이 연구를 통해 태아는 엄마의 말을 계속 듣는 것을 알았습니다. 심지어 흉내뿐만 아니라 동화까지 기억하고 있다는 연구 결과도 있습니다.

1986년, 안소니 드카스페Anthony DeCasper와 멜라니 스펜스 Melanie Spence가 연구했습니다. 12명의 임산부에게 임신 마지막 6주 동안 하루에 2번씩 〈모자 쓴 고양이〉 동화를 읽어 줬습니다. 그리고 아이가 태어난 지 2~4일 뒤, 아기에게 〈모자 쓴 고양이〉와 한 번도 들어 보지 못한 동화 문장을 들려줬습니다. 이 두 이야기를 번갈아 들려주면서 '가짜 젖꼭지 빨기' 방법으로 아기 반응을 관찰했습니다. 젖꼭지를 늦게 빨 때 〈모자 쓴 고양이〉를 읽어 주고, 빨리 빨 때는 다른 동화를 읽어 주었습니다.

아기를 관찰한 결과, 엄마 뱃속에 있을 때 읽어 줬던 〈모자 쓴 고양이〉를 읽어 주니까 아이가 젖꼭지를 느리게 빠는 것을 확인할 수 있었습니다. 그저 엄마 목소리에 반응하는 게 아닌가 싶어 다른 여자에게 부탁하여 읽어 줬습니다. 이때도 아기는 〈모자 쓴 고양이〉를 더 듣고 싶어 했습니다. 아기가 단순히 엄마 목소리를 기억하는 것보다 한 차원 높은 언어적 감각을 지닌 것을 확인했습니다.[2]

아이의 청각이 완성되는 시기는 임신 7개월 정도입니다. 이때부터는 엄마의 정서적인 안정뿐만 아니라 아기의 감성을 위해 책을 읽어 줘야 합니다. 남편들은 더욱 열심히 뱃속의 아이에게 책을 읽어 줘야 합니다. 아빠가 읽어 주면 엄마가 읽어 주는 것보다 더 좋다는 연구 결과도 있습니다.

책은 아빠가 읽어 줘야 효과가 높아요

하버드대 연구팀은 430가구를 대상으로 아빠가 책을 읽어 주는 가정과 엄마가 책을 읽어 주는 가정, 이렇게 두 팀으로 나눠 책 읽어 주기와 인지발달 간의 상관관계를 조사했습니다. 결과는 아빠가 책을 읽어 준 집단의 독서 효과가 더 높은 것으로 나타났습니다. 아빠가 책을 읽어 줄 때 엄마보다 더 다양한 어휘와 경험을 활용하기 때문입니다.

또 다른 자료는 2004년 옥스퍼드대 연구팀의 자료입니다. 만 7세 아동 3,300여 명을 대상으로 조사한 결과, 아빠가 책을 읽어 준 아이들이 읽기 성적이 더 높았고 정서적 문제를 겪을 확률이 낮은 것을 확인했습니다.[3]

이제 아빠가 물러설 자리는 없습니다. 아빠가 적극적으로 나서야 합니다. 아이가 엄마 뱃속에 있다고 엄마 책임이 아닙니다. 아빠도 책임감으로 같이 태교를 해야 합니다. 아내가 임신했다는 소식을 들으면 아내의 손을 잡고 도서관으로 가십시오. 그림책을 하나하나 펼쳐보며 아내와 이야기를 하십시오.

필자도 아내에게 미안한 것이 큰아이를 가졌을 때 임신 초기에는 열심히 해 줬는데 후반에는 시큰둥해져 대충했습니다. 지금 생각하면 아내와 아이에게 미안한 마음이 많습니다. 아직도 아내는 서운한 마음을 표현합니다. 저 같은 불행한 아빠가 되지 않기 위해 반드시 적극적으로 하십시오.

육아의 주체는 아빠예요

지금은 아빠도 육아휴직이 가능합니다. 아빠가 육아의 주체가 되는 세대입니다. 부디 행복한 추억을 쌓아 가십시오. 더 나아가 미국의 청소년 성장 영화를 보면 대부분 할아버지가 손자, 손녀와 성장에 관한 이야기를 합니다. 영국에서 해리포터와 마법사의 돌을 제치고 카네기 메달상을 수상한 팀 보울러Tim Bowler 작품의 〈리버보이River Boy〉도 손녀와 할아버지가 교감하는 내용입니다. 쉬운 예로 어렸을 때 보았던 인기 미국 드라마 〈맥가이버〉를 생각해 보십시오. 맥가이버가 무언가를 할 때 '할아버지는 말씀하셨지.' 하며 행동합니다. 할아버지가 맥가이버를 키우고 행동의 근간이 할아버지와 함께한 추억인 것을 보여 줍니다.

이제 우리나라도 할머니가 손자, 손녀를 돌보는 것이 아니라 할아버지도 실버 육아를 하고 있습니다. 어느 할아버지가 실버 육아로 키운 손자를 보낼 때 가슴 아파한 이야기를 쓴 책을 재미있게 읽었던 적이 있습니다. 육아의 주체는 엄마가 아니라 아빠가 되었습니다. 처음부터 노력하십시오. 아기의 심장 소리를 들을 때 함께 시작하십시오. 심장 소리는 천사가 여러분들에게 날아오는 날갯짓 소리입니다.

한글은 만 7세부터, 책 읽어 주기는 계속하라

만 7세 전에 한글을 가르치는 것은 아이의 뇌를 망치는 거예요

책 읽어 주기는 아이가 태아 때부터 읽어 주는 것이 좋습니다. 그럼, 아이가 몇 살 때까지 책을 읽어 줘야 할까요? 또 읽기 교육은 언제부터 해야 할까요?

책 읽어 주기는 끝이 없습니다. 우리가 책을 읽어 주는 목적이 아이의 어휘력과 문해력을 키워 주기 위한 것도 있지만, 우리가 잊지 말아야 할 것은 부모와의 정서적 교감입니다. 주변에는 정서적 교감을 목적으로 중학생 때까지 읽어 주는 분도 있습니다. 최대한 늦게까지 읽어 주는 것이 좋습니다. 아이와의 유대감을 쌓는 게 더 중요하기 때문입니다. 다만 읽기 교육의 시기는 정해져 있습니다. 만 7세 이전까지는 문자를 교육하지 말아야 합니다.

아이의 뇌는 시기별로 발달합니다. 받아들일 준비가 안 된 시기에 과도한 교육을 하면 뇌가 문제를 일으킵니다. 교육이 오히려 아이의 뇌를 망칩니다. 간혹, 어린아이가 어른도 읽기 어려운 책을 읽는 예도 있습니다. 부모들은 흐뭇하게 바라보지만, 아동학자들은 아이의 심리 상태를 걱정합니다. 어떤 경우에는 자폐로 진단하기도 합니다.

부연 설명을 위해 아이의 뇌 발달 과정을 나열해 보겠습니다.

생후 1년간 아기들의 뇌는 급속도로 성장합니다. 태어날 때 400g 정도 됐던 뇌가 1년 만에 두 배가 넘는 1Kg이 됩니다. 이때는 아기들이 오감을 통해 정보를 받아들입니다. 스킨십과 눈맞춤으로 애착을 형성합니다.

만 1세에서 2세 사이에 시냅스 수가 최고에 달합니다.

태아 때부터 4세까지의 뇌를, 17세 아이의 뇌를 기준으로 비교해 보면 뇌의 50%가 변하는 시기입니다. 이 시기에는 전두엽, 측두엽, 후두엽이 골고루 발달합니다. 전두엽은 창의적 기능과 종합적 사고 기능을 합니다. 측두엽은 인지 기능과 기억 기능을 조절합니다. 후두엽은 사물을 보고 이해하도록 하는 기능입니다.[4] 즉, 사람이 필요한 거의 모든 기능이 발달합니다.

하지만 언어, 청각 기능은 아직 발달하지 않았습니다. 이때 부모들은 학원의 잘못된 정보에 의해 인지적 학습을 해야 한다고 착각합니다. 아이의 뇌는 '3세가 결정적 시기다. 영어는 3~5세 사이에 몰입교육 효과가 크다'라고 사교육 업체는 선전합니다. 이것은 잘못된 정보입니다. 이때는 자전거 타기, 공놀이 같은 대근육 놀이와 단추 줍기, 블록 쌓기 등 소근육 놀이를 해야 합니다. 많이 놀아 주면 자연스럽게 해결됩니다.

만 3세에서 6세가 되면 대뇌피질의 전두엽이 집중적으로 발달합니다. 대뇌피질은 인간이 생각하고 말하고 문자를 사용할 수 있게 합니다. 전두엽은 종합적 사고와 인간성, 도덕성 등 인간을 인간답게 해 주는 중요한 역할을 합니다.

이때 잘못된 부모의 지식으로, 아이에게 지식을 주입하는 교육을 하면 아이의 인성이 잘못되고 아이의 뇌를 망칩니다. 아이 뇌의 신경회로는 엉성한 상태인 전기회로입니다. 이곳이 과부하가 되면 타버립니다. 과도한 조기교육은 과잉학습장애 증후군, 우울증, 애착장애를 불러옵니다.[5]

만 7세에서 12세까지는 대뇌피질 중 두정엽과 측두엽이 집중적으로 발달하는 시기입니다. 두정엽은 수학적, 물리적 사고를 담당하고, 측두엽은 언어와 청각 기능을 담당합니다. 뇌 발달 시기를 고려하면 이때가 언어와 수학을 공부할 시기입니다.[6] 정리하면, 6세까지는 감정, 정서 능력을 집중적으로 키우고, 7세 이후에 학습해야 합니다.[7] 이때 한글 공부를 시작합니다.

설명에서 보듯, 아이의 책 읽어 주기는 아이가 책을 읽을 때까지, 즉 최소 7살까지 해야 합니다. 책을 읽어 주는 목적은 아이에게 한글을 가르치려는 것이 아닙니다. 수학, 영어 등의 인지적 교육을 하는 것도 아닙니다. 창의성, 도덕성, 인간성을 가르쳐 주고 가장 중요한 부모와의 정서적 유대감을 갖기 위해 책을 읽어 주는 것입니다.

한글은 늦게 가르쳐도 돼요

만 7세에 한글을 가르치면 너무 늦는 것 아닙니까?

이런 질문이 나옵니다. 부모들은 입학 전에 한글을 떼야 아이가 학교공부를 따라가는 데 문제가 없을 거라며 불안해합니다. 불안에 빠진 부모들은 사교육의 유혹에 빠져 한글을 먼저 가르치려 합니다.

기억해야 할 것은 잘못된 시기의 교육은 아이의 뇌를 손상시킵니다. 제가 긴 지면을 할애해 뇌의 발달 시기를 표현한 것도 괜히 한 것이 아닙니다. 유럽과 미국을 포함한 많은 나라에서는 만 6세 미만 어린이에게 문자교육을 지양합니다. 아예 법으로 금지한 나라도 있습니다. 적기에 맞지 않는 교육은 아이의 뇌를 망치기 때문입니다. 부모는 욕심과 불안을 내려놔야 합니다.

다행히 2017년에 도입된 새 교육과정은 초등학교 1학년 한글 해득 교육시간을 종전보다 두 배로 늘렸습니다. 수학의 기초 개념 과정을 다소 쉽게 구성했습니다. 취학 전 선행을 하지 않아도 되고 격차가 생겨도 짧으면 두 달, 길면 1년 안에 학습격차가 사라집니다.[8]

아이에게 연필을 쥐여 주고 힘든 학습지를 시키면 뇌가 손상되는 것도 있지만 공부를 받아들이는 공부 정서를 망칩니다. 공부 정서를 망치면 아이는 계속 공부는 힘들고 재미없는 것으로 생각합니다. 앞으로의 공부를 더 힘들게 하는 건 말할 것도 없고 나아가 자기주도학습은 요원해집니다.

지금은 4차 산업혁명이 도래하고 직업 현장에서 수행하는 일이 바뀌면서 필요한 직업능력도 점차 변하고 있습니다. 기술 진보 속도가 매우 빠른 4차 산업혁명 시대, 이런 4차 산업혁명의 바람을 이겨 내기 위해선 자기주도학습이 어느 때보다 중요합니다. 초등학교에 입학할 때 다른 아이들보다 뒤처지면 안 된다는 엄마, 아빠의 욕심과 잘못된 상식이 아이의 뇌와 공부 정서를 망치고, 아이의 전 인생에 꼭 필요한 자기주도학습은 꿈도 못 꾸게 합니다.

아이가 학교 입학 전에 우리가 해 줘야 할 것은 많이 놀아 주고 뛰놀게 하는 것뿐입니다. 아이가 좋아하는 그림책을 엄마와 아빠가 행복하게 읽어 주기만 하면 됩니다. 단, 텔레비전이나 컴퓨터, 스마트폰 등 디지털 기기는 멀리해야 합니다.

이렇게 설명했는데도 불안해하시는 분들이 있습니다. 불안하신 분들을 위해 추천해 드릴 방법이 있습니다. 학교 입학

6개월이나 3개월 전에 가르쳐 줍니다. 이때는 아이의 뇌가 문자공부를 받아들일 준비가 된 상태입니다. 따라서 가르쳐 줘도 문제가 없습니다.

듣기 교육을 많이 한 아이는 한글을 늦게 배워도 문제없어요

이렇게 해도 또 걱정합니다. 다른 아이들은 2년 전에 한글을 가르쳐 책을 읽는 데 우리 아이는 불과 한두 달이란 짧은 시기밖에 안 가르쳤는데 문제가 없을까? 고민합니다.

걱정 안 해도 됩니다. 한글은 위대한 세종대왕께서 만든 무척 배우기 쉬운 문자입니다. 훈민정음 해례본에는 '슬기로운 자는 아침을 마치기도 전에 깨칠 것이오, 어리석은 자는 열흘이면 배울 수 있다'라고 기록되어 있습니다.

이를 증명하듯 어떤 아이들은 따로 한글을 가르쳐 주지 않고 책을 읽어 주기만 했는데도 스스로 한글을 깨칩니다. 누나와 형의 한글 수업을 옆에서 보다가 배우는 아이들도 있습니다. 필자의 누님은 텔레비전 드라마 '남매'를 보면서 글을 깨쳤습니다. 산림청 헬기 도입으로 와 있는 외국 정비사는 심심풀이로 한글을 배우고는 일주일 만에 길거리 광고판을 다 읽고 다녔습니다. 이들이 우수한 것이 아닙니다. 한글이 그만큼 배우기 쉽기 때문입니다. 세종대왕의 말씀을 증명하는 사례일 뿐입니다.

이처럼 아이가 받아들일 준비가 되면 금방 익히는 것이 한글입니다. 한글을 가르치는 데 절대 조바심 낼 필요가 없습니다.

한글을 배우는 것보다 더 중요한 것은 글을 읽고 글의 의미를 받아들이는 데 있습니다. 읽기는 읽지만 무슨 말인지 모르면 글을 모르는 것과 다름없습니다. 문해력 형성이 우선입니다. 좋은 말을 많이 들려주고, 대화하고 아이의 생각을 정리하는 연습을 시키고, 책을 읽어 주어 많은 어휘를 쌓습니다.

당장 좋은 그림책 하나를 빌려와서 아이와 읽고 같이 책에 대해서 '왜 오리가 이렇게 할 수밖에 없었을까?', '피노키오가 거짓말하는 것이 맞을까?' 하며 그림책에 관해 대화하는 것이 아이를 더 발전시킵니다.

한글교육에 관한 사례를 이야기하겠습니다.

여동생이 딸 둘과 아들 하나, 삼 남매를 키우고 있습니다. 이중 둘째 딸이 2021년에 초등학교에 입학했습니다. 맞벌이를 하기 때문에 애 키우는 하루하루가 전쟁이었습니다. 둘째가 초등학교 입학 전에 여동생 집에 놀러 가보니 둘째가 한글 좀 가르쳐 달라고 졸라 댔습니다. 책을 읽고 싶은데 못 읽어 입술을 삐쭉 내밀고 짜증을 내고 있었습니다. 동생은 큰딸 공부 가르치고 세 살 막내를 돌보느냐고 둘째를 가르칠 여력이 없었습니다. 고모와 할머니, 여동생은 저 둘째가 학교 가서 뒤처지면 어쩌나 하며 걱정했습니다. 얼마 지나지 않아 걱정할 필요가 없다는 것을 깨달았습니다. 둘째가 학교에서 편지쓰기를 배워 할머니와 고모에게 장문의 편지를 써 보냈습니다.

"아이고, 한글을 모르고 들어가서 걱정했는데, 잘하네."

어머니는 둘째의 편지를 받아 들고 환한 미소를 지었습니다.

오바마Obama와 미셸Michelle은 말리아Malia와 사샤Natasha가 갓난아기였을 때부터 책을 읽어 주었습니다.[9] 말리아는 하버드대에 입학하였고 사샤는 미시간대에 입학하였습니다. 또 하버드대를 졸업하고 미국 1000대 그룹에 근무하고 있는 롭 험블의 아버지는 롭 험블이 뱃속에 있 을 때도 자신의 목소리를 들을 수 있다는 믿음으로 불러오는 엄마 배를 향해 중저음의 노래를 불러주었습니다.[10]

책을 읽어 주기만 해도 됩니다. 우리 아이도 하버드에 입학할 수 있습니다. 이런 데도 안 하시겠습니까.

3

엄마, 아빠는 수다쟁이가 되라

말을 많이 들을수록 아이의 어휘력은 늘어만 가요

엄마와 아빠는 아이에게 많은 말을 해야 합니다. 아이의 기저귀를 갈아줄 때 '오줌을 많이 누었네.', 어느 정도 커서 아이가 잠투정할 때도 '어서 자야지. 잘 자야 키도 쑥쑥 커 형같이 되지. 잠 안 자면 병에 걸려서 엄마와 아빠랑 같이 놀 수 없어.' 하며 하나하나 설명하고 이야기해야 합니다. 이렇게 해야 아이의 어휘력, 언어능력을 키울 수 있습니다. 모르는 사람들은 아기가 무얼 알아듣느냐고 핀잔합니다. 이 이야기를 하니 후배가 비웃기도 했습니다.

태아는 7~8개월부터 시각기관이 형성되고 청각 발달이 완성됩니다. 이때부터 싫은 소리와 좋은 소리를 구분하기 시작합니다. 말을 할 줄 모르는 옹알이하는 아이도 엄마의 몸짓과 말투, 어감 등을 통해 감정을 알아차립니다.

아이의 언어능력 발달을 살펴보겠습니다.

아이가 만 2세가 되면 언어가 폭발적으로 늘어납니다. 500~900개 어휘를 이해하고 부정문과 의문사를 이해합니다. 옹알이 같던 발음이 명확해지고 약 200~300개의 어휘를 구사합니다. 만 3세가 되면 아이는 말을 매끄럽게 구사합니다. 매일 새로운 단어와 어휘를 익힙니다. 만 3세가 지나면 약 1,200~1,400개의 어휘를 이해하고, 약 900개의 어휘를 말할 수 있습니다. 만 4~5세가 되면 부사, 형용사를 사용하고 글자와 숫자, 단어를 인식하기 시작합니다. 만 5~6세가 되면 성인과 유사한 문법을 구사합니다.[11]

보편적으로 아이들의 언어능력은 이렇게 발달합니다. 하지만 아이가 모두 똑같게 발달하는 것은 아닙니다. 아이들은 자신에게 둘러싸인 언어환경에 의해 많은 차이를 보입니다. 이 차이를 확인하기 위해 EBS 다큐 프라임 〈언어발달의 수수께끼〉 제작팀은 중앙대학교 심리학과 최영은 교수팀과 함께 다양한 실험을 통해 아이들의 언어 발달 비밀을 밝혔습니다. 앞서 말했듯이 언어 환경에 따라 아이의 어휘가 어떻게 달라지는지 확인하는 것이 목표였습니다.

먼저, 21개월의 남아와 여아, 24개월의 남아와 여아를 한 명씩 뽑았습니다. 이 아이들을 부모와 함께 초대하여 평소처럼 놀게 했습니다. 연구자들은 노는 동안 엄마가 아이에게 얼마나 많은 문장과 단어를 사용하는지 기록하며 수를 셌습니다.

21개월 남아와 엄마는 총 338개의 단어와 137개의 단어를 사용했습니다. 이에 반해 여아의 엄마는 647개의 단어와 296개의 문장을 사용했습니다. 다음으로, 24개월 남아와 엄마는 총 549개의 단어와 197개의 문장을, 여아의 엄마는 총 748개의 단어와 227개의 문장을 사용했습니다. 여아의 엄마들이 단어와 문장을 더 많이 사용하는 것을 확인했습니다.

이어서 엄마가 사용한 단어와 문장 수가 아이들의 어휘 능력에 어떤 영향을 주는지 실험했습니다. 60개의 단어를 들려주면 모니터의 그림에서 해당 단어의 그림을 찾는 실험이었습니다. 실험 결과, 21개월 남아는 평균 1.14초, 여아는 평균 0.84초가 걸렸습니다. 24개월 남아는 평균 1.51초, 여아는 평균 0.41초가 걸렸습니다. 여자아이들이 빠르다는 결과가 나왔습니다. 실험을 주최한 중앙대학교 심리학과 최영은 교수는 '어휘 처리 속도가 빠르다는 것은 그만큼 이미 알고 있는 단어를 빨리 쉽게 효율적으로 처리한다는 것이다'라고 설명했습니다.

마지막으로, 아이들이 평소 엄마에게 사용하는 단어가 몇 개인지 '표현 어휘지수'를 알아봤습니다. 생후 21개월 남아는 111개, 여아는 365개, 24개월 남자아이는 260개, 여자아이는 630개를 기록했습니다. 실험은 평소 부모가 아이에게 더 많은 단어와 문장을 사용하면 아이의 어휘 인식 속도도 빠르며 표현 어휘지수도 높아진다는 것을 보여 줬습니다. 수다쟁이 부모일수록 아이의 언어능력이 더 좋다는 것을 알았습니다.[12]

이렇게 차이 나는 언어능력은 마태효과를 불러일으킵니다. 마태효과란 '빈익빈 부익부 현상을 이르는 말'로 우위를 차지한 사람이 지속적으로 우위를 차지하게 될 확률이 높은 현상을 의미합니다. 다시 말해, 언어능력이 있는 자는 더 풍족하게 되고 없는 자는 더 없게 되어 격차가 더 벌어진다는 거죠.

미국 스탠퍼드대학교 심리학과 앤 퍼날드Anne Fernald 교수는 이것을 증명하는 실험을 했습니다. 아기들의 어휘력이 지능과 학습 능력에 어떤 영향을 미치는지 알아보는 실험이었습니다. 우선, 생후 24개월 아이들을 뽑아 표현 어휘지수와 단어 인식 속도를 측정했습니다. 이후 3년이 지난 후 아이들이 만 5세가 되었을 때, 다시 지능과 어휘를 조사했습니다. 결론은 24개월 때 어휘지수와 단어 인식 속도가 높았던 아이들이 만 5세에서도 높았습니다.

이 실험을 통해 '아이가 높은 어휘력을 갖기 원하면 부모는 아이에게 말을 많이 해야 한다'는 사실을 알 수 있습니다.

언어의 마태효과를 극복하는 5가지 방법

그럼 이 마태효과를 줄이고 아이의 언어능력 발달을 촉진

할 방법은 무엇일까요?

5가지로 나눠 보겠습니다.

첫째, 부모는 수다쟁이가 돼야 합니다.

실천하는 방법은 아이가 인형을 가지고 오면 "어, 엄마도 맘에 드는 인형인데.", 아이가 "엄마 까까!" 하면 "우리 아이 배가 고프구나? 뭘 줄까?" 하며 말을 합니다. 아이가 마트에서 과자나 장난감을 집으면 "오늘은 우리 아기 맛있는 과일 사주러 왔는데 이걸 사면 과일을 사지 못해. 같이 못 먹는데 어떻게 하지?" 하며 말을 합니다. 아이는 말로써는 이해 못하지만 엄마의 몸짓과 표정으로 자신이 하면 안 되다는 것을 이해합니다.

둘째, 동등한 인격체로 아이 말을 끝까지 들어 줍니다.

모든 아이 교육의 전제 조건입니다.

'아이를 동등한 인격체로 받아들여라.'

아이가 엄마에게 무엇을 요구하거나 반론할 수 있습니다. 물론 어른이 들으면 황당하거나 쓸모없는 이야기일 수 있습니다. 아이는 아이 나름대로 생각하고 엄마 아빠에게 이야기합니다. 아이의 이야기를 끝까지 듣고 아이의 눈높이에 맞춰 설명해야 합니다. 만일, 엄마 아빠가 아이의 말을 무시하면 아이는 입을 굳게 닫아 버리고 엄마 아빠에 대해 불신합니다.

셋째, 빠른 문자교육은 좋지 않습니다.

부모는 아이의 언어교육을 위해 물건이 그려진 단어 카드를 삽니다. 카드의 앞면은 그림만 그려져 있고, 뒷면은 한글로 명칭이 적혀있습니다. 한글 밑에는 또 영어가 쓰여 있습니다. 물건 이름 맞추기까지는 좋습니다. 아이가 물건의 이름을 다 맞추면 이상하게 한글까지 가르쳐 주고 싶은 욕심이 발동합니다. 이왕이면 영어까지 하고 싶습니다. 부록으로 껴온 중국어까지 눈이 갑니다. 시기에 맞지 않는 빠른 문자교육은 아이의 뇌를 망치고 언어능력까지 퇴보시킬 수 있습니다. 무조건 참아야 합니다. 아이의 문자교육은 만 7세부터라는 걸 꼭 기억하십시오.

넷째, 디지털 기기를 멀리하세요.

식당에서 밥을 먹을 때, 부모들은 아이를 얌전히 앉히려고 스마트폰의 동영상을 켜주지 않습니까? 아니면 집안일을 할 때, 아이 혼자 놀라고 텔레비전을 켜주지 않습니까? 아이의 지적능력과 언어능력을 퇴보시키길 원하시면 아이에게 스마트폰을 맘껏 쥐여 주십시오.[13]

다섯째, 아이에게 책을 읽어 주세요.

부모가 쓰는 어휘는 한정적일 수밖에 없습니다. 교육환경이나 직장환경, 지역적 환경에 의해 부모도 언어영역에 대해

제한 받습니다. 아이에게 이야기책을 많이 읽어 주거나 읽게 하는 것이 해결 방법입니다.[14]

큰아이가 4살 때였습니다. 잘 때마다 안경을 머리맡에 두고 잤습니다. 아침에 출근하려고 보니 안경이 없었습니다. 이불을 뒤집어 봐도 없었습니다. 출근 시간은 다가오고, 그러다 문득 큰아이가 생각났습니다. 며칠 전에 제 안경을 가지고 놀아서 "아빠 안경 망가지면 아빠 출근을 못 하고 출근 못 하면 돈이라는 것을 못 벌어 우리 성윤이 맛있는 딸기 못 사주는데." 하고 말한 적이 있었기 때문입니다. 자는 큰아이를 깨웠습니다. 아빠 안경을 보았냐고 물었습니다. 그러자 아이가 문갑에서 안경을 꺼내 주었습니다. 왜 거기다 넣어놓았냐고 물어보니 아이는 이렇게 대답했습니다.

"응, 아빠 이거 없으면 우리가 먹을 딸기 못 사오잖아."

아기는 혹여나 안경이 부서질까 봐 문갑의 서랍에 넣어두었습니다. 아이가 고마워서 힘껏 안아 주고 출근했습니다. 이렇게 아이들은 못 알아들을 것 같지만 부모의 마음을 이해하고 있습니다.

아이와 함께 놀아 주고 말하는 것이 나중에 아이가 살아갈 힘이 됩니다.

4

책을 읽어 주더라도 스킨십과 눈맞춤은 꼭 하라

읽어 주기에서 제일은 스킨십과 눈맞춤으로 정서적 교감을 형성하는 거예요

책을 읽어 줄 때는 아이에게 좋은 감정을 심어 주고 책을 읽어 주는 행위보다는 아이와의 스킨십과 눈맞춤을 하는 것이 중요합니다.

아이가 엄마 아빠에게 책을 읽어 달라고 조르는 이유는 뭘까요?

책을 읽는 동안 엄마와 아빠와 감정이 교환되어 정서적으로 안정되기 때문입니다. 아이는 이 정서를 몸으로 느끼고 기억합니다. 교육적으로 책 읽어 주기가 좋다고 해서 기계적으로 읽어 주지 마세요. 이렇게 하면 지식의 공유밖에 안 됩니다. 오히려 아이가 책 읽는 시간을 싫어하는 부작용을 일으킬 수 있습니다. 아이가 글자를 알아 책을 읽더라도 아이와 함께 책을 읽어야 합니다. 책을 읽는 순간을 행복의 순간으로 기억하게 만들어야 합니다.

기본적인 책을 읽어 주는 방법을 우선 설명하겠습니다.

중요한 것은 누누이 말한 대로, 아이와 밀접 접촉을 해야 합니다. 미취학 아동이거나 영아면 가운데 앉혀서 안아 주는 자세를 취합니다. 아이가 둘이면 엄마가 가운데 앉고 두 아이를 안는 자세로 앉습니다. 스킨십을 합니다. 책을 읽습니다. 그림책은 글자가 적습니다. 부모는 글을 읽어 주고 기다립니다. 그림책은 글자보다 그림이 우선입니다. 아이가 그림을 하나하나 볼 때까지 기다립니다. 그러고 나서 부모가 손가락을 집어가며 설명을 합니다. 중간중간 아이에게 그림에 관해 물어보고 눈도 맞춥니다. 정서적 교감을 합니다.

실천 방법을 단계별로 설명하겠습니다. 여러 가지 단계 및 분류 방법이 있지만, 콩나물 샘 전병규 선생님의 지도적 읽기 분류 방법을 참고하여 설명하겠습니다. 분류 방법만 참고했기에 내용은 다릅니다.

1단계, 0~7세는 문해력의 뿌리 단계입니다.
2단계, 초등 1~2학년은 소리 읽기 단계입니다.
3단계, 초등 3~4학년은 의미 읽기 단계입니다.
4단계, 3단계 이후는 해석 읽기 단계입니다.

1단계 0~7세는 아이가 글자를 모르는 시기입니다. 책에 대한 호감을 느끼는 가장 중요한 시기입니다. 이때는 뇌 발달에 따라 적극적으로 읽어 줘야 합니다. 어휘력과 문해력을 향상하는 것이 목적이지만 습관적으로 읽어 책에 대한 호감을 키우게 합니다. 이때 아빠와 엄마는 동화구연 선생님이 됩니다. 사과가 '쿵!' 하면, 사과가 떨어지는 것같이 흉내를 냅니다. 혹부리 영감이 혹이 떼일 때는 진짜 아픈 것처럼 '아야!' 하며 연기합니다. 그러면 아이들은 엄마와 아빠의 연기에 빠져들고 이야기와 책 읽기에 재미를 느낍니다.

한 예로 같이 근무하는 배○○ 주무관님 사례를 들겠습니다. 이분은 아들만 둘이었습니다. 각각 7살, 5살 때 아이를 양쪽 겨드랑이에 끼고 '청개구리' 이야기를 실감 나게 읽어 주었습니다. 마지막 엄마의 묘가 떠내려가는 모습을 서글프게 읽어주고 '개골개골!' 하고 마치니깐 큰아이가 엉엉 울었습니다. 7살짜리 아이가 엄마의 연기에 빠져 울었습니다. 아이는 남의 마음을 이해하는 감성을 지닌 아이가 되었습니다. 배○○ 주무관님은 이야기하는 내내 그때가 행복하셨다는 듯이 입가에 미소를 띠고 있었습니다. 읽어 주기 교육 방법이 전부는 아니지만 두 아이는 대학 진학을 하지 않고 어머니 배○○ 주무관님과 함께 공부하여 20살 초반의 나이에 모두 공무원으로 임용되었습니다. 배○○ 주무관님은 이 두 아들과 함께 공부하다가 자신도 시험을 보고 50이라는 늦깎이 나이에 공무원이 되었습니다. 산림청 공무원들 사이에는 신화 같은 존재입니다.

1단계 0~7세는 듣기가 중요한 나이라 좀 더 상세히 설명하겠습니다.

0~3세에서 아들은 딸보다 감정을 이해하는 속도가 느립니다. 그러므로 그림책을 읽어 주면서 '왕궁의 파티에 못 가는 신데렐라는 얼마나 속상했을까?' 하는 감정적 접근보다 그림책에 나오는 사물의 이름, 용도, 주인공의 이름과 행동을 설명해 주는 것에 더 집중해야 합니다. 그림책을 읽고 나서는 관련 행동을 유도해 보는 것도 좋습니다. 신데렐라 동화에서는 구두를 신고 벗는 흉내를 내고, 금도끼 은도끼 이야기에서는 도끼질하는 것을 보여 줍니다.

여자아이라면 생후 24개월만 되어도 감정을 이해합니다. 남자아이처럼 사물을 가리키며 읽기보다 '신데렐라의 마음이 어땠을까? 엄마는 우리 딸과 같이 못 가면 속상한데.'' 하며 주인공의 감정을 상상하게 하는 책 읽기가 더 효과적입니다.[15]

아이가 4살이나 5살이 되면 책을 읽어 주기 전에 책을 골라오라고 합니다. 여자아이는 따스하고 포근한 내용의 책을 골라오고 남아는 이와 달리 약간 폭력적인 내용을 가지고 옵니다. 엄마는 비교가 되면서 걱정이 많아집니다. 이것은 당연한 현상입니다. 남자아이들은 남성호르몬인 테스토스테론testosterone의 영향으로 여자아이들보다 공격적인 성향이 있어 공격적인 그림책을 보면서 대리만족을 하기 때문입니다.

그러나 반복적으로 폭력 책을 보면 모방하고픈 욕심이 들기도 합니다. 이걸 방지하기 위해 책을 읽기 전, 후 아빠가 레슬링, 공 던지기와 같은 몸놀이를 하면서 아이의 성향을 분출합니다. 남자아이를 여자아이와 비교하니 문제처럼 보인 것뿐입니다. 이후에는 다양한 종류의 그림책을 주더라도 거부하지 않습니다.[16]

강형욱 씨가 출연했던 〈세상에 나쁜 개는 없다〉를 보면 계속 문제를 일으키는 개가 있습니다. 알고 보면 개가 문제가 아니라 기질을 그렇게 타고났기 때문입니다. 많이 산책하고 달리게 하면 개가 얌전해집니다.

기질을 이해하지 못하고 자꾸 다른 아이들과 비교하는 것은 아이를 속상하게 합니다. 만일, 아이가 만 7세가 되거나 아이가 글자를 가르쳐 달라고 하면 읽는 중간중간 '의성어'나 '할머니', '아빠', '엄마' 같은 단어를 손으로 짚어 주며 학습합니다. 절대로 강요하거나 집중적인 글자 학습을 하면 안 됩니다. 아이의 책 정서와 공부 정서를 망칠 수 있습니다.

2단계, 초등 1~2학년은 소리 읽기 단계입니다. 아이들이 글자를 배워 스스로 글을 읽어야 하므로 아이들은 힘들어합니다. 혼자 책을 읽을 수 있다는 것에 재미있어하는 아이도 있습니다. 이런 아이들은 미리 학습을 시키지 않아서 책 정서와 공부 정서가 좋게 잡힌 아이들입니다. 몰랐던 글씨가 다 읽히니 얼마나 재미있겠습니까?

아이가 혼자 책을 읽게 되었지만 중간중간 아이와 같이 책을 읽으면서 정확한 발음으로 또박또박 읽는지 문장의 뜻은 이해하고 있는지 확인해야 합니다. 처음 글자를 배울 때는 아이가 스트레스 안 받게 한 줄은 아빠가 읽고 한 줄은 아이가 읽게 합니다. 아니면 한 페이지는 아빠가 읽고 한 페이지는 아이가 읽기를 나눠서 합니다.

3단계, 초등 3~4학년은 의미 읽기 단계입니다. 아이들이 힘들어하는 단계이면서 가장 중요한 시기입니다. 2학년까지는 교과서에 그림도 많았고 읽는 책들도 그림책이었습니다. 3학년이 되자 그림이 사라지고 글밥의 양이 많아집니다. 아이가 책이나 공부에 흥미를 놓치기 쉽습니다. 이것은 앞으로의 공부에 많은 문제를 발생시킵니다. 많은 관심과 교정이 필요한 때입니다. 하지만 역설적으로 부모들이 가장 신경 쓰지 않는 단계입니다. 아이가 혼자 쭉쭉 글을 읽고 나가니 문제가 없어 보이기 때문입니다.

이건 착시 효과입니다. 글을 읽는 것과 이해하는 것은 차이가 있습니다. 지금은 학교에서 시험을 보지 않습니다. 문제들도 서술형으로 바뀌었습니다. 문장을 읽고 문제를 풀어야 하는데 아이가 글자는 읽지만, 의미를 파악하지 못합니다. 시험을 보지 않아 아이에게 문해력에 문제가 있는지 알 수 없습니다. 부모는 공부 안 한다고 타박만 합니다. 그러다 보니 아이는 점차 공부를 멀리하게 되고, 학습결손이 생깁니다. 이때를 놓치면 문해력을 교정하기 어렵습니다. 다음의 공부도 보장할 수 없습니다. 부모는 이것도 모르고 이 골든타임을 놓쳐버리고 맙니다.

이 단계는 아이가 듣는 것이 아니라 부모가 듣기가 되어야 합니다. 아이가 소리 내어 책을 읽으면 바르게 읽는지 옆에서 듣습니다. 짧은 글을 읽으면 책의 내용에 대해 요약하게 합니다. 글자만 읽으면 책을 내용을 정리할 수 없기 때문입니다. 아이는 요약하면서 정리 요령을 배웁니다.

그리고 이때는 사전을 옆에 두고 모르는 어휘가 나오면 같이 사전을 찾습니다. 인터넷 사전이 있지만 저는 책으로 된 사전을 추천합니다. 단어를 찾아 넘기다 보면 새롭고 재미있는 어휘들도 많이 볼 수 있지만, 인터넷 사전은 이런 중간 과정이 없습니다. 그래서 별로 추천하고 싶지 않습니다. 필자의 둘째는 초등 2학년 때 사전 찾기에 재미가 들려서 사전을 그냥 읽기도 했습니다.

4단계, 3단계 이후는 해석 읽기 단계입니다. 말하기 수업과 겹치는 내용이지만 설명을 하겠습니다. 책을 읽고 나서 내용을 요약하고 부모와 함께 책에 관해 이야기합니다. 즉, 책에 대해 비평을 합니다. 그럼으로써 아이는 종합적 사고를 합니다.

　지금까지 아이의 듣기에 관해 이야기했습니다. 생각보다 어렵지 않은 실천 내용입니다. 여러분들도 아이에게 책 읽어 주는 것 하나로 하버드에 학생을 보낸 엄마 아빠가 될 수 있습니다. 글을 쓰면서 아이에게 책을 읽어 줄 때가 생각났습니다. 이때가 제일 행복한 순간이었습니다. 아직도 아이가 제 앞에서 어부바하며 책을 가지고 놀던 기억이 납니다.

5

단계별로 책을 읽어 줄 필요는 없다.
읽어 주는 이유를 알고 원칙만 지키면 된다

읽어 줄 책 고르기, 상 받은 책을 우선으로 해요

이론은 알겠으나 막상 실천하려고 하니 어렵습니다. 어떤 책을 골라 읽혀야 할지도 모르겠습니다. 이럴 때 실패하지 않는 방법이 있습니다. 책 표지에 '세종도서', '황금도깨비상', 공모전 수상작 등의 상 받은 표시가 된 책을 선택합니다. 다음으로는 그 작가가 쓴 책을 연이어 고릅니다. 작가가 우수해서 상을 받았으니 다음 작품도 좋은 작품이 나올 확률이 높습니다. 이렇게 하면 책 고르기에 실패할 확률이 적습니다.

이렇게 해도 아이들 책 고르기가 만만치 않습니다. 홈쇼핑 광고를 보면 책을 시기별로 골라서 읽혀 줘야 한다고 합니다. 홈쇼핑은 상업적 광고라 믿음이 완전히 가지 않습니다. 그래도 EBS는 믿음이 갑니다. EBS 유튜브에서 추천하는 방법에 대해 간략히 정리해 보겠습니다.

● 0~6개월 아이는 시각 발달에 필요한 초점 그림책과 오감 자극 그림책, 추상적 모양을 알아보는 세모네모가 그려져 있는 개념 그림책을 선택합니다.

● 7~12개월 그림책은 줄거리가 있는 사물 그림책, 일상생활에 관심이 커지니 일상생활 그림책, 오감 자극 그림책, 정서 발달 그림책, 운동 발달 그림책, 까꿍 그림책을 선택합니다.

● 13~24개월이 되면 아이의 언어능력이 급격히 발달하고 자연을 제대로 봅니다. 따라서 일상생활 그림책과 세밀하고 정밀화된 사물 그림책, 우뇌 발달로 의성어와 의태어 그림책을 선택합니다.

● 25~36개월이 되면 좌우뇌가 통합되어 자기주도성이 향상됩니다. 따라서 일상생활 그림책, 이야기가 있는 그림책, 팝업북, 자기 스스로 이야기를 꾸며 나가는 글 없는 그림책이 좋습니다.

● 37~48개월 아이는 좌우뇌가 많이 통합되어 자연 원리 그림책, 인체 해부 그림을 좋아하게 됩니다. 언어 그림책과 수학 개념이 있는 책, 이야기 그림책이면 좋습니다.

● 49~60개월에는 아기의 전두엽이 발달합니다. 기승전결의 이야기를 좋아합니다. 도덕성, 창의력, 상상력이 발달하여 세계 명작 동화 같은 것이 좋습니다. 전래 그림책, 세계 명작 그림책, 창작 그림책, 수학 그림책, 과학원리 그림책을 추

천합니다.

● 61개월~취학 전에는 배경지식이 많아져 다양한 그림책이 필요합니다. 지식 그림책, 문학 그림책, 영어 그림책, 동시 그림책, 직업소개 그림책입니다.

머리가 지끈지끈 아파집니다. 이 기준에 맞는 책을 어떻게 고르고 이렇게 많은 책을 사야 하는지 경제적 걱정이 생깁니다. 답답한 마음에 홈쇼핑에서 광고하는 전집을 구매할까도 합니다. 여기서 우리는 왜 책 읽어 주기를 하는지 본질적인 이유를 생각해야 합니다.

아이와의 애착관계 형성이 최우선이에요

책을 읽어 주는 목적을 세 가지로 정리하겠습니다.
첫째로, 일차적인 목적은 아이와의 애착관계 형성입니다.
둘째로, 아이에게 책을 읽는 순간이 행복한 순간이라는 느낌을 주어 바른 책 정서와 공부 정서를 만들어 줍니다.
마지막으로, 아이들에게 어휘력과 문해력을 높여 줍니다.

책이 나이와 맞지 않더라도 이 세 가지만 충족시키면 됩니다. 나이에 안 맞더라도 아이는 엄마와 아빠의 따스한 품에 더 행복해합니다. 그림책 읽어 주기 방법대로 하면 시기가 안

맞더라도 얼마든지 가능합니다. 시기에 맞는 그림책이 맞기도
하지만 틀리기도 합니다. 부모의 관심과 사랑으로 애착관계를
형성하는 것이 최우선입니다.

6

책 읽어 주기로 기른 문해력은
부의 대물림을 넘어서는 마지막 수단

아이에게 진심을 갖고 읽어 주고 또 읽어 줘요

책을 읽어 주어 아이에게 어휘력과 문해력을 키워 주는 것이 다음 세대를 살아갈 아이에게 해줄 수 있는 부모의 최고 선물입니다.

인공지능과 자동화의 발달에 따라 중산층이 소멸하고 있습니다. 앞으로 더하면 더했지, 사회의 발달을 따라간다면 필연적으로 상위 계층과 하위 계층으로 양분된 사회가 될 수밖에 없습니다. 부모는 아이의 미래가 걱정스럽습니다. 무언가 해 주고 싶지만, 딱히 해 줄 게 없습니다.

부모의 답답한 마음을 더욱 아프게 하는 보고서가 있습니다.

Beck & Mckeown(1991)의 연구 〈사회 계층과 어휘력 간의 관계〉에 대한 연구보고서입니다. 하류층 아동의 어휘력에 비해 중·상류층 아이의 어휘력이 2배 높게 관찰되었다는 충격적 연구 결과를 보고합니다.[17]

어휘력은 읽고 쓰는 기술, 독해력에 중요한 역할을 하는 능력으로 글을 읽고 의미를 이해하는 문해력의 바탕이 됩니다. 이 문해력의 차이는 미래의 경제력에도 차이를 발생시킵니다.

국제성인역량조사(PIAAC, 16~65세 성인 대상)의 문해력에 따른 경제력 보고 내용은 이 주장을 뒷받침합니다. 보고서에는 높은 문해력(상위 11.8%)을 가진 사람이 낮은 문해력(최하위 3.3%)을 가진 사람보다 평균 시급이 60% 이상 높고, 낮은 문해력의 사람은 실업자가 될 확률이 2배 이상 높다고 설명합니다.

이 보고서대로라면 어휘력이 낮은 아이는 상대적으로 부유한 아이들보다 적은 연봉과 낮은 행복감을 느끼고 평생을 살아간다는 결론에 도달합니다. 서글픈 사실입니다. 부모는 아이에게 자신의 모든 것을 다해 주고 싶고 더 나은 삶을 물려 주고 싶습니다. 이 글을 읽자마자 아이들에게 미안한 마음이 듭니다. 하지만 이 보고서 끝에는 다른 답을 보여 줍니다. 우리에게 희망을 안겨 줍니다.

이경하·김향희의 보고서 〈정상 아동의 표현 어휘력과 사회, 언어적 요소 간의 상관관계 연구〉의 결론 일부분을 인용하겠습니다.

"전문직으로 분류되는 직업에 종사하는 부모들의 아동이 비교적 높은 어휘력 수준을 보인 결과는 전문직에 종사하는 부모들이 책을 읽어 주는 시간이 많다는 선행연구(신윤식, 1978;

한민희, 1998)와 연관성이 있다고 하겠다. 그러나 본 연구에서는 아동에게 책을 읽어 주는 총 시간은 조사되지 않았다. 선행연구와 달리 읽어 주는 책의 수량 자체는 어휘력과 높은 상관관계를 보이지 않은 연구, 본 연구 결과에 비추어, <u>책의 수량보다는 책을 읽어 주는 자극 자체가 아동의 어휘력 발달과 밀접한 관련을 갖는 것으로 생각할 수 있다.</u> 즉, 어휘 발달과 관련하여 책을 읽어 주는 주체가 부모가 아니라 할지라도 아동에게 책 읽기라는 자극을 많이 제공하는 것은 어휘 발달에 긍정적인 영향을 미친다고 할 수 있을 것이다."

부모가 아이에게 진심 어린 마음으로 책을 읽어 주는 것이 중요하다는 결론입니다. 책을 읽어 준 권수, 읽어 준 시간이 중요한 것이 아니라, 아이와 부모가 친밀감을 형성하고, 아이와 부모 특히 엄마와 함께 책 읽는 시간을 진정으로 좋아하게 하는 것이 중요합니다. 책에 대한 좋은 정서를 키우면 공부 정서가 좋아지고, 아이의 어휘력과 문해력의 두 바퀴는 스스로 돌아가 자기주도학습을 완성합니다.

5장
말하기는 생각의 정리

1

산책은 아이와의 대화 시간,
아이와 함께 산책하라

산책은 뇌 활동을 촉진해요

"엄마 손톱달이 자꾸 따라와."

둘째가 종종걸음을 치며 엄마에게 말합니다. 엄마와 아빠
는 이런 아이를 보며 한껏 웃습니다. 손톱달, 초승달은 둘째
의 말을 듣고 삐졌는지 구름 속에 살짝 숨어 버립니다.

둘째의 말에 웃고 있는 사이 큰아이가 씹던 껌을 도로에
버렸습니다. 조그마한 경차가 그 위를 지나갔습니다. 아이가
막 웃습니다. 황당한 아빠가 왜 웃냐고 묻습니다.

"아빠, 방금 조그마한 차가 밟고 지나갔어. 끈적끈적해서
못 가면 어떻게 해?"

아빠와 엄마는 그만 웃고 말았습니다.

큰아이가 6살, 작은아이가 5살 때 온 가족이 함께 아파트
주위를 산책할 때의 에피소드입니다. 산책하면서 아이들이 쏟

아 내는 엉뚱 발랄한 말에 그냥 웃을 수밖에 없었습니다. 아이에게 산책은 매우 중요합니다.

우선 산책의 일반적 효과를 3가지 과학적 사례를 들어 설명하겠습니다.

첫째로, 걷기에 따른 근육과 뇌의 반응에 대해 먼저 말하겠습니다.

산책은 걷기의 일종입니다. 일단 걷기는 다리를 튼튼하게 합니다. 다리의 근육 중 가장 큰 근육은 허벅지 근육입니다. 이 근육의 신경은 뇌간과 연결되어 있습니다. 그러므로 걸으면 근육에서 나온 신호가 뇌에 전달되어 움직임을 활발하게 합니다. 걷기를 시작하면 심장은 평상시 1분 동안 5리터의 혈액을 흘려보내던 것을 약 10배 더 흘려보냅니다. 산소와 영양소를 더 많이 받은 뇌는 활동을 더 원활히 합니다.[1]

이런 효과 때문에 우리는 문제가 있을 때 산책을 하면 머리가 맑아지는 느낌을 받습니다. 새로운 혈액이 뇌에 공급되기 때문입니다. 때로는 불현듯 해답을 찾아내는 경우가 있습니다. 이런 효과를 많이 본 사람은 우리가 어렸을 때 읽었던 추리 소설 《셜록 홈즈》의 주인공인 홈즈입니다. 홈즈는 사건을 추리할 때 좁은 사무실에서 가만히 있지 않고 계속 움직입니다. 친구 왓슨은 계속 추임새만 넣습니다. 《셜록 홈즈》의 작가 코난 도일은 의과생으로서 이미 사람이 걸으면 머리가 맑아지고 생각의 정리 효과가 있다는 것을 알고 있었습니다.

두 번째로 쥐를 이용한 실험을 소개하겠습니다.

미국 버클리대학교 마크 로젠즈 웨이그와 매리언 다이아
몬드Marian Diamond 박사의 실험입니다. 환경과 경험이 뇌를
어떻게 변화시키는지 알아보는 실험이었습니다. 그들은 쥐를
두 그룹으로 나눴습니다. 첫째 그룹 쥐들에게는 쳇바퀴 같은
장난감을 주고 서로 어울리게 했습니다. 두 번째 그룹의 쥐들
에게는 장난감도 없이 그냥 지내게 했습니다.

결과는 예상대로 장난감을 가지고 놀던 쥐의 뇌가 그냥
있던 쥐의 뇌보다 더 두터웠습니다. 자극이 쥐의 뇌를 두껍게
하여 영리하게 만들었습니다.[2]

마지막으로 실제 노인들을 대상으로 한 실험을 소개하겠
습니다.

미국 캘리포니아주립대학 '세멜 신경과학 및 인간행동 연
구소Semel Institute for Neuroscience and Human Behavior'의 프레바
싯다르트 박사팀의 연구입니다. 신체 활동이 뇌 두께에 어떤
영향을 주는지를 조사했습니다. 우선, 기억력이 예전 같지 않
다고 불평하는 60세 이상 노인 29명을 추렸습니다. 이분들의
신체 활동량을 측정하고 입체 MRI로 뇌 영상을 촬영했습니다.

매일 4천 보 이상 걷는 그룹과 4천 보 미만을 걷는 그룹으

로 나누어 비교했습니다. 결과는 매일 4천 보 이상 걷는 그룹의 해마 두께가 훨씬 두꺼웠습니다. 방추상회를 비롯한 해마 주변의 뇌 조직 두께도 더 두꺼웠습니다. 해마는 학습하고 기억하는 기능을 하는 중요한 기관으로 손상되면 새로운 정보를 기억할 수 없습니다.[3]

함께 걷는 것만으로도 아이의 머리가 좋아집니다.

산책 시간은 아이와의 또 다른 대화 시간이에요

이렇게 가벼운 걷기와 산책은 두뇌 활동에 많은 영향을 끼칩니다. 이런 사례에 더해 아이들에게는 4가지 부수적인 효과를 더 얻을 수 있습니다.

첫째, 산책하며 많이 걷는 것이 아이의 기초체력이 됩니다. 가게야마 히데오가 쓴 《공부습관 열 살 전에 끝내라》에서는 버스를 타고 올 때 한 정거장 앞에서 내려서 걸어오는 것을 추천합니다. 더하여 학교 갈 때도 걸어서 가는 것을 추천하고 있습니다. 이것은 아이의 초등학교 기초체력을 위해서라고 강조하고 있습니다. 초등학교 때 만들어진 체력이 고등학교 때까지 갑니다. 평생 가기도 합니다.

'학년이 올라가면 체력이 늘지 않겠느냐?'라고 묻는 학부모도 있습니다. 학원에 갈 때는 학원버스를 타고 가기 때문에 아이가 걷는 시간이 많지 않습니다. 또 학년이 올라갈수록 공부의 양이 많아져 걷는 시간보다는 책상에 앉아 공부할 시간이 길어집니다. 기초체력을 늘릴 시간이 없습니다. 아이가 어리고 시간이 있을 때 기초체력을 길러놔야 합니다.

둘째, 부모로부터 예절을 배울 수 있는 시간입니다.

집에 있으면 아이는 부모밖에 볼 수 없습니다. 부모는 아이가 밖에서 어떻게 행동하는지 알 수 없습니다. 핵가족으로 아이의 사회화가 어렵습니다. 어른에게 인사하라고만 했지 어떻게 인사하는지 실제로 해본 적이 드뭅니다.

산책하러 나가면 다양한 사람을 만납니다. 경비 아저씨, 옆집 이웃, 마트와 편의점 아줌마와 아저씨 등을 만납니다. 부모가 경비 아저씨에게 인사하면 아이는 이것을 보고 어른에게 인사해야 한다는 것을 자연스레 체득합니다. 가르쳐 주지 않았지만, 부모가 다른 사람들에게 하는 행동을 보고 아이는 저절로 예절 바른 아이가 됩니다.

셋째, 오감이 풍부한 아이가 됩니다.

집에 있다가 나오면 바람이 붑니다. 바람에 꽃냄새가 실려 옵니다. 이렇게 주변 정취에 젖어 들려는 순간 차 소리가 들려오며 흥을 깹니다. 아이가 집에서 나와 산책하며 느끼는 감정들입니다. 시각, 청각, 후각, 촉각, 미각을 온몸으로 느낍니다. 계절 변화에 따른 화단 꽃들의 변화도 느낍니다. 도둑고양이가 뛰어가는 걸 보면 무서움이 듭니다. 집이 없어 방황하는구나 하는 측은지심도 느낍니다. 자연을 사랑하는 오감이 풍부한 아이가 됩니다.

넷째, 마지막으로 상상력과 어휘력이 풍부하게 됩니다.
이 특징 때문에 아이와 산책하라는 것을 '말하기' 부분에 넣었습니다. 산책하면 앞서 말한 뇌의 혈류량이 증가하고 오감이 열립니다. 아이의 뇌가 활발히 활동하며 상상력이 폭발합니다. 갑자기 아빠와 엄마에게 물음이 많아집니다.
"저건 왜 저렇게 되는 거야?"
"내가 할 거야."
"저 달 이름은 뭐야? 손톱처럼 생겨서 손톱달이라고 할까."
아이랑 대화할 기회가 많아집니다. 이때 요령이 있습니다. 아이가 물으면 먼저 말하지 말고 이렇게 대답합니다.
"○○이는 왜 그렇게 생각한 거야?",
"○○이는 어떻게 생각해?"
아이는 사랑하는 엄마 아빠의 물음에 최대한 성의껏 대답하려고 노력합니다. 자신이 가지고 있는 최신 정보를 종합하여 답을 내려고 합니다. 논리정연하게 말을 하기 위해 아이는 노력합니다. 이런 과정이 아이의 말하기 연습이 됩니다. 아이가 장난하는 식으로 엉뚱하게 말한다면 한번 같이 웃어 줍니다. 아이의 장난에 부모가 얼마나 행복합니까?

산책은 아이와 소중한 추억을 만드는 첫 단추입니다.

산책하라고 하면 어떤 분들은 박물관과 워터파크, 수목원 등을 갑니다. 제가 추천하는 것은 이런 곳을 주말에 한 번 가는 것보다, 매일 저녁 가족과 함께 집에서 가까운 곳에 가는 것이 더 낫다는 말씀을 드립니다. 아이가 어리면 특정한 곳을 가는 것보다 집 앞의 산책로를 오른쪽으로 돌고 왼쪽으로 돌고 하며 변화만 주면 됩니다. 중요한 것은 부모와 아이의 교감입니다. 돈이 많이 드는 곳에 가면 부모는 돈이 아까워 앞으로 가기 바쁩니다. 아이와 교감을 할 시간이 없습니다. 차라리 아파트 근처로 산책하더라도 아이와 한 번 더 눈을 맞춰 보고 대화를 한 마디 더하면 아름다운 추억이 쌓입니다.

아직도 둘째가 말한 '엄마, 손톱달이 자꾸 쫓아와.' 하는 말이 제 가슴을 따뜻하게 합니다.

3분 조리 있게 말하기로 지식을 정리하라

학교에서는 말하기를 가르쳐 주지 않아요

큰아이가 선생님들에게 둘러싸였습니다. 선생님들이 돌아가며 아이의 발표에 대해 지적하기 시작했습니다.

"고개를 들고 이야기해야지.",

"앞부분은 괜찮았는데 뒷부분은 점점 빨라지고 있어.",

"여기 봐봐. 그래 눈을 보며 이야기해야지.",

"설명이 조금 이해가 안 돼."

선생님들은 아이가 말을 받아들이고 있는지는 상관하지 않고 자신들의 말만 쏟아 냈습니다. 아이의 얼굴은 빨갛게 용광로처럼 달아올랐습니다.

장학사와 과학사가 아이의 발명품 진행 상황을 검사하는 모습을 회상하며 표현했습니다. 학교에서 발명대회를 한다고 해서 아이를 도와준 게 덜컥 당선되었습니다. 도 대회에서도 우수작으로 뽑혀 전국대회에 출전하게 되었습니다. 도에서는 욕심이 생겨 대상까지 노려본다고 장학사와 과학사가 수시로 학교로 와 진행 상황을 점검했습니다.

발표를 지도하는 선생님들에게 문제가 있었습니다. 아이에게 말하는 법은 안 가르쳐 주고 지적만 했습니다. 아이는 어떻게 할 줄 몰라 안절부절했습니다. 할 수 없이 제가 아이에게 말하는 법을 가르쳐 대회를 무사히 마쳤습니다.

둘째도 형과 함께 학교 발명품 경진대회에 뽑혔었습니다. 집에서 저와 준비하는데 선생님들은 중간에 확인한다며 아이 발표에 대해 지적만 했습니다. 앞서 말한 것처럼 발표에 대해 가르쳐 주지도 않으면서요. 둘째는 주눅이 들어 발표 자체를 안 하겠다고 선언해 버렸습니다. 가슴에 큰 상처가 생겼습니다. '너에게 뭐라고 한 선생님들에게 복수하는 거로 생각하고 해.' 하는 엄마의 독려에 둘째는 대회를 무사히 끝낼 수 있었습니다.

큰아이에 대한 선생님의 행동에 제가 말했습니다.

"선생님들, 아이에게 자꾸 다그치시기만 하면 어떻게 해요, 아이가 얼마나 떨리고 힘들겠습니까? 도에서 대회를 준비한다고 하면 도 차원에서 전문 말하기 강사에게 교육을 받도록 해 주시든지, 아니면 시간이 많으니까 선생님이 중간중간 말하기 연습을 시키면 안 되겠습니까?"

제가 물음을 던졌지만 다들 답이 없이 문제만 남기고 돌아갔습니다.

학교 정규과정에서 발표를 배운 적도, 대회에 나간다고 따로 선생님에게 지도 받은 적도 없습니다. 이런 아이에게 못한다고만 하니 아이는 주눅이 듭니다. 심하면 발표에 대한 공포마저 생깁니다. 교육 차원에서 열린 대회가 변질하여 아이들을 망치고 있었습니다. 공교육의 한계와 선생님들에 대한 신뢰가 떨어지고 대회 출전이 과연 아이에게 좋은 영향을 주는 것인가? 아니면 선생님들을 위한 것인가? 하고 심각하게 고민했던 순간이었습니다.

말하기 교육의 문제점을 적나라하게 보여 주는 우리 공교육의 모습이었습니다.

학교교육 과정이 바뀌었다고는 하지만 아직 말하기 교육은 요원해 보였습니다. 아이를 가르치는 선생님들도 말하기 교육을 받지 않은 분들입니다. 말하기 교육은 의외로 신경이 쓰이는 부분이 많습니다. 발표하기를 좋아하는 아이도 있겠지만 둘째처럼 소심한 아이도 있습니다. 30명 정도의 아이들을 성격에 따라 한 사람 한 사람 지도한다는 것은 선생님의 의지 없이는 불가능한 일입니다. 말하기 부분에 대해서는 어떤 평가도 이루어지지 않습니다.

현 초등학교에서는 시험을 보지 않습니다. 그러다 보니

아이의 학력 수준이 어느 정도인지 파악이 안 됩니다. 다른 과목이 이런데, 말하기는 기대도 할 수 없습니다. 가르쳐도 아이 수준이 어느 정도인지 알 수 없습니다.

지금은 점점 말하기의 중요성이 주목받고 있습니다. 미디어의 발달에 따라 영상이 보급되었고 대기업에서는 취업 마지막 단계에서 발표로 입사를 결정합니다. 취업을 떠나 학교수업에서도 토론수업이 많아지고 자기 생각을 발표하는 시간이 많아졌습니다. 이렇게 말하기는 매우 중요합니다.

더욱 중요한 것은, 말하기는 쓰기의 전 단계로 자기 생각을 종합하여 조리 있게 발표하는 과정입니다. 그러므로 말하기는 자신의 능력을 깨쳐 넘어서는 과정이라는 걸 잊지 말기 바랍니다.

하루에 3분 말하기만으로 아이의 말하기 교육은 끝이에요

선생님들에게 실망한 저는 아이에게 하루에 한 번씩 3분 스피치 연습을 시켰습니다. 아니 '3분 조리 있게 말하기'를 시켰습니다. '3분 조리 있게 말하기'는 3분 동안 어떤 문제에 대해 순간적으로 정리하여 조리 있게 말하는 겁니다.

저는 3분 스피치를 전문적으로 배우지 않았습니다. 어떻게 배우지 않았는데 가르칠 수 있냐고 반문하실 겁니다. 처음에 말씀드렸듯이 말하기와 듣기는 인류가 오랜 시간 진화해 오면서 발전한 기능입니다. 조리 있게 말하기도 인류가 공동체를 이루며 살기 위해 발달한 하나의 진화된 기능입니다. 공동체의 구성원이 서로 의논하여 결정하고 리더가 무리를 이끌기 위해서는 반드시 있어야 할 기능인 것입니다.

'술 먹고 늦게 들어오는 남편에 대한 반론', '제사를 어떻게 지내야 하는지의 상의', '저축은 어떻게 해야 하는지', '과제의 분배에 대한 문제' 등 어른이라면 살아오면서 자신이 하고 싶은 말을 준비하고 말했던 적이 많습니다. 이미 연습이 되고 활용하고 있었습니다. 물론 즉흥적으로 여러 청중 앞에서 이야기해 본 경험이 드물었기 때문에 어렵게 느껴지기도 합니다.

여러분들이 아이들을 가르칠 수 있는 것은 내가 하는 것보다 듣고 판단하기가 더 쉽기 때문입니다. 연설을 들을 때 '어, 저 사람 말 잘하는데.' 하며 말을 한 적이 있습니다. 곡을 연주하지 못하지만 아름다운 음악을 선택하여 듣는 것과 같은 이치입니다. 여러분들은 아이에 대한 사랑만 있으면 이미 가르칠 준비가 되어 있는 겁니다. 아이와 대화를 하고 아이 말을 잘 들어 주기만 하면 됩니다. 말을 하면서 스스로 배우게 되고 글쓰기를 하면서 스스로 바뀝니다.

3분 말하기의 기본적인 자세에 관해 설명하겠습니다.

첫째, 바르게 서기입니다.

발은 어깨너비로 하고 가슴을 활짝 펴고 섭니다. 이래야 당당하게 보입니다.

둘째, 시선입니다.

과거에는 상대의 미간을 보라 했는데 지금은 당당히 눈을 보라 합니다. 만약 청중이 여러 명이면 청중을 천천히 S자를 그리며 모든 사람과 눈을 맞춥니다.

셋째, 손입니다.

손은 깍지를 끼는 것이 좋습니다. 여러 몸짓이 있는데 이는 인터넷을 살펴보는 것도 좋습니다. 다만 발명품 대회같이 물건을 놓고 설명할 때는 설명하는 부품을 집어가며 말합니다.

이 정도만 부모가 알고 있으면 됩니다. 더 나은 방법을 보여 주고 가르쳐 주고 싶으면, 'TED'나 '세상을 바꾸는 시간, 15분'의 연설을 보여 주며 따라하면 됩니다.

다음은 가장 중요한 이야깃거리입니다. 무엇을 조리 있게 말하는 것이 좋을까요? 부모가 아는 시사 이야기, 아이들이 좋아하는 게임, 학교 활동, 부모와 같이 읽은 책이면 좋습니다.

가장 좋은 것은 '말하기 공부법' 활용입니다. 오늘 하루 수업 중 가장 재미있었던 내용을 부모에게 설명합니다. 자기가 알아서 설명할 수 있습니다. 기억을 되새기고 조리 있게 정리하는 것으로 복습이 됩니다. 에빙하우스의 망각곡선에 따라 장기기억으로 저장됩니다.

이때 부모는 청중이 되어 가만히 들어 주기만 합니다. 아이 말이 앞뒤가 안 맞거나 이해가 안 되면 사실대로 이해가 안 된다고 말합니다. 아이는 부모에게 이해가 되게 연구하고 말을 합니다. 부모는 아이와 같이 말의 구성에 문제점을 파악합니다. 기본적으로 비속어와 은어 등은 사용하지 않습니다.

마지막으로 '3분 조리 있게 말하기'는 언제, 얼마나 자주 하는 것이 좋을까요?

발표대회를 준비하지 않는 이상 일주일에 두 번 정도가 좋습니다. 말하기 싫어하는 아이도 있으므로 두 번 정도가 적당합니다. 아이가 좋아하면 수시로 해도 좋습니다. 아무리 재미있게 접근한다고 하지만 아이에게 스트레스가 될 수 있습니다. 심하면 아예 말을 하지 않게 될 수 있으니 억지로 시키지 않고 아이가 좋아하는 주제로 이야기합니다.

시기는 정해져 있지 않습니다. 함께 산책하다가, 아니면 이야기를 하다가 궁금하다고 하면서 묻습니다.

"한번 정리해서 엄마에게 설명 좀 해 줄래?"

"아, 그런 것이 있었어. 엄마는 잘 모르는데 설명 좀 더해 줄 수 있어?"

대회를 대비할 때는 아이에게 '왜 이 연습을 해야 하는
지?' 설명하고 시간을 정해서 연습합니다.

저는 아이들과 함께 발명품 경진대회를 준비하는 동안 하
루에 한 번씩 말하기 연습을 했습니다. 큰아이는 습관이 되어
발표가 있는 수업을 무척 좋아했습니다. 이렇게 어릴 때 배운
'말하기'는 말을 하는 방법만 가르쳐 주는 것이 아니라, 생각
을 정리하는 방법까지 깨치게 합니다.

⟨3⟩

공감력을 키우는 인형놀이를 함께하라

**4차 산업혁명 시대에서 필요한 것은 타인을 이해하는
공감력이에요**

우리는 큰돈 들이지 않고 아이를 닦달하지 않아도 인형
놀이와 같은 단순한 놀이로 4차 산업혁명 시대의 변화를 준비
할 수 있습니다. 인형놀이로 4차 산업혁명 시대에 중요한 공
감능력을 키울 수 있기 때문입니다.

왜 그런지 이야기를 시작하겠습니다.

4차 산업혁명 시대, 프로그램 회사인 카카오와 네이버의
시가총액을 합한 것이 삼성보다 더 높은 시대입니다. 삼성은
국내 제일의 반도체 생산시설을 가지고 있지만, 네이버와 카
카오는 아무것도 없습니다. 오로지 인터넷상에 프로그램으로
만 존재하고 있습니다. 이 둘이 우리나라의 인터넷 플랫폼 시
장을 양분하고 있습니다. 생산의 시대에서 서비스의 시대로

급변했습니다.

하루가 다르게 변하는 시대, 4차 산업혁명 시대에서 우리와 아이가 준비할 것은 뭘까요? 인구절벽 포럼에서 김진경 국가교육회의 의장이 '주체성'과 '공감능력'에서 답을 찾아야 한다고 말했습니다. 전통적 직업을 인공지능이 대체하는 4차 산업혁명 속에서 인간만이 할 수 있는 역할은 이 두 가지라고 강조합니다.[4]

그럼, 주체성이란 것은 무얼까요?

김 의장님은 이렇게 말합니다.

"고정된 지식을 가르치는 교육은 불필요하다. 이제 지식은 인터넷에서 얼마든지 찾을 수 있다. 개인이 삶의 질을 높이고 싶다는 욕구를 갖고, 문제를 발견하고, 여러 지식을 융합하고 문제를 풀어가는 주체적 측면이 필요하다."

이것은 필자가 앞서 강조했던 내용과 일맥상통합니다. 듣기, 말하기, 읽기, 쓰기를 통해 아이의 문해력과 어휘력, 창의력을 키워 주고 아이가 변화에 맞춰 스스로 공부해 나갈 수 있는 자기주도학습능력을 키워 주라는 것과 같습니다.

다음으로 공감능력은 무엇일까요?

김 의장님은 말했습니다.

"나무를 보면서 나무와 나의 관계를 사유하고, 나무를 나처럼 상상하는 공감능력이 현생인류의 본질이다."

　너무 모호합니다. 공감력을 다들 안다고 생각하셨기 때문에 이렇게 표현했나 싶기도 합니다. 어학사전에는 공감력을 '여러 사람이 함께 공감하여 생긴 힘'이라고 표현하고 있습니다. 더 어려워집니다. 정확한 본질을 모르겠습니다. 그래서 〈공감력, 4차 산업혁명 시대에 무엇을 의미하는가?〉라는 논문에 나온 공감력에 대한 정의를 인용하겠습니다.

　'공감력이란? 자신을 타인의 입장(상황)에 놓고 이해하거나 느낄 수 있는 능력을 말한다. 또한, 타인의 감정을 느끼거나 공유할 수 있는 능력을 말한다'(Bellet & Maloney, 1991).

　'공감력의 유형으로는 인지적 공감력, 감성적 공감력, 그리고 신체적 공감력이 있다'(Rothschild, 2006).

　'공감력이란?, 포괄적 정의에 따르면, 인간, 동물, 사물 등의 감성적 경험을 느끼거나 상상할 수 있는 능력을 말한다. 공감하는 능력은 사회성과 감성 발달에 있어서 중요한 부분을 차지한다. 이는 상대방에 대한(그것이 인간, 동물, 또는 사물 무엇이든 간에) 개인 행동과 사회적 관계에 영향을 미친다'(McDonald & Messinger, 2011).

　정리해 풀면, 공감력이란 '상대 마음을 읽어서 내 마음같이 이해한다' 라는 뜻입니다.

공감이라는 것은 사람의 거울 뉴런 때문에 가능합니다. 다른 동물들도 느낄 수 있다고 하지만 상대방을 모방하는 거울 뉴런이 발달한 인간만이 누릴 수 있는 최고의 감정입니다. 아이가 울 때 엄마가 '아팠겠다, 많이 아팠어.' 하며 우는 표정을 짓고, '좋아, 엄마가 있어서 좋아.' 하고 웃으면 엄마와 아기는 서로의 얼굴을 모방하며 공감합니다. 애착을 형성합니다.

사람들은 이 공감이란 감정을 표현하기 전에 선행행위를 합니다. 이것은 무얼까요?

마음읽기입니다.

마음읽기는 무엇일까요? 상대의 행동이나 표정을 보고 직관적으로 상대의 욕구나 의도를 알아차리는 능력입니다. 예를 들면, 자물쇠로 닫힌 문 앞에서 호주머니를 뒤지는 남자를 보면 남자가 열쇠를 찾고 있는 것이라는 것을 알 수 있습니다. 앞의 아기 예처럼 아기가 웃으면 '기분이 좋구나.' 울면 '뭐가 불편하구나.' 하는 것을 알 수 있습니다. 이것이 마음읽기입니다. 이 행위는 상대의 내적 심리를 이해하고 추론하는 고도의 사고능력을 필요로 합니다. 마음읽기는 인간만이 할 수 있는 공감과 같은 특별한 능력입니다.

이런 마음읽기는 어떤 영향을 끼칠까요?

마음읽기능력은 아이가 만 5세 전후로 형성됩니다. EBS 다큐멘터리 〈퍼펙트 베이비〉에서 마음읽기능력이 뛰어난 아이들은 인기가 많다는 걸 보여 줍니다. 좋은 일이 있으면 같이 웃고 슬픈 일이 있으면 같이 슬퍼해 주니 인기가 많을 수밖에 없습니다. 하지만 이 마음읽기를 잘한다고 공감으로 이어지지 않았습니다.

EBS 다큐멘터리 〈퍼펙트 베이비〉 이야기를 계속하겠습니다.

인기 많은 아이를 조사해 보니 성향이 두 부류였습니다. 한 부류는 친구의 싸움을 말리는 집단이고 한 부류는 친구의 싸움을 주도하는 가해 집단이었습니다. 마음읽기를 잘하면 공감도 잘할 줄 알았는데, 왜 이렇게 되었을까요?

이승연 교수가 정확한 해답을 줍니다.

'타인의 의도와 감정을 읽는 마음읽기능력이 공감능력의 중요한 전제가 되기는 하지만 그것이 곧 공감능력은 아니다.'

즉, 마음읽기능력과 공감능력은 전혀 다른 감정이고 능력입니다. 이어서 그는 이렇게 말합니다.

'어려서부터 공감능력을 기를 수 있도록 아이의 마음을 잘 읽고 반영해 주는 것이 아이를 리더로 성장시키는 데 중요하다.'[5]

정리하면 다음과 같습니다.

❶ 마음읽기와 공감은 전혀 다른 능력이다.
❷ 공감과 애착은 부모와의 상호관계에서 일어난다.

우리는 2번에 주목해야 합니다. 2번에 따르면 우리는 아이의 공감능력을 키울 수도 있고 없앨 수도 있습니다. 휴일에 아이가 혼자 온종일 텔레비전만 보고 있습니다. 엄마는 그런 모습이 답답해 '넌 친구도 없니?' 하며 무심결에 묻습니다.

아이의 마음이 어떨까요?

아이도 친구가 없어서 고민이었습니다. 자기도 밖에 나가서 친구와 놀고 싶었습니다. 이런 말을 한 엄마가 무척 밉습니다. 엄마가 아이의 마음에 공감해 주지 못했습니다. 이렇게 우리 아이들은 부모와의 관계를 통해 상호 간의 관계를 맺는 방법을 배웁니다. 또한, 그것을 배워 다른 사람에게 확대 적용합니다.

공감력 연습은 인형놀이와 소꿉놀이로

마음읽기와 공감을 연습할 방법은 없을까요?

네, 있습니다. 맨 처음 말한 인형놀이와 소꿉놀이입니다. 인형놀이에 대한 효과를 《하버드의 부모들은 어떻게 키웠을까?》라는 책에서는 '스토리텔링 능력 키우기'라고 소개하고 있습니다.

내용을 잠깐 소개하겠습니다.

"평범한 가정의 수잔과 수제트 자매가 있었습니다. 어머니는 집을 독서하기 좋은 도서관처럼 꾸미고 아이들이 자유분방하게 놀게 했습니다. 집안의 다 쓴 두루마리 화장지 심지와 빈 우유갑도 놀이기구가 되었습니다.

유독 아이들이 좋아한 것은 종이인형놀이였습니다. 아이들은 스크림 막대에 여러 가족 모습을 그려 붙이면서 놀았습니다. 가족마다 특별한 사유가 있고 피부색이 다른 황인, 흑인, 라틴계열, 백인혼합 가족 등 다양한 가족이 되어 보았습니다. 아이들은 이야기를 짓고 움직이는 자세, 말투, 감정까지 흉내 내면서 놀았습니다. 더 나아가 관계에 따라 서로 어떤 영향을 미치는지도 상상했습니다.

이런 놀이의 효과인지 아이들은 나란히 하버드대학교를 졸업했습니다. 한 명은 CNN 앵커, 또 한 명은 콜로라도대학교 인권법 교수로 활동하고 있습니다."

작가는 말합니다.

'이런 이야기 짓기는 아이가 상상력을 발휘하기 때문에 뇌가 확장되고, 이야기를 짓다 보면 다른 사람의 입장이 되어 보기 때문에 다른 이의 생각과 감정을 읽는 능력이 늘어난다. 결론적으로 공감력을 키워 준다.'[6]

작은 종이인형놀이가 아이에게 어마어마한 효력을 발휘했습니다. 공감력의 발달과 아이의 뇌를 발전시켜 좋은 학교에

진학하게 했습니다. 저는 이런 효과 외에 다른 목적으로 이 놀이를 적극적으로 하기를 추천합니다. 아니, 반드시 해야 한다고 강조합니다. 2가지 이유에서입니다.

첫째, 아이들이 초등학교에 들어가면 애착이 부모에게서 또래에 대한 애착으로 전환됩니다. 이때 또래와의 관계를 제대로 형성하지 못하면 학교생활에 어려움을 느낍니다.[7]

둘째, 요즘 아이들이 대부분이 외둥이입니다. 2021년 행정안전부 자료에 따르면 1인 가구 비율이 39.5%, 2인 가구는 23.6%, 3인 가구는 17.3%, 4인 가구는 19.6%입니다. 자료에서 보듯이 아이가 있는 집의 절반이 외둥이입니다.

이 2개를 합치면 문제가 발생합니다.
아이들의 마음읽기와 공감능력은 부모, 형제들을 보며 발달합니다. 아이가 학교에 가면 친구들과의 관계를 시작합니다. 친구들과의 생활을 누군가에게 보고 배워야 하는데 배울 대상과 공간이 없습니다. 외둥이라 여의치 않습니다. 놀이터에 간다고 해도 배울 수 없습니다. 같이 노는 법을 배우지 못한 아이들이 많기 때문에 각자 따로 놉니다. 유치원과 학원이 있지만 그곳은 교육만 합니다.
아이들은 친구들과 같이 노는 법, 친구들에게 장난감 빌리는 법, 친구가 아파하면 위로하는 법 등 우리가 당연하다고 생각했던 것들을 배우지 못합니다.

큰아이가 처음으로 유치원에 입학했을 때였습니다. 친구들과 어울리지 못하기에 말로 설명했습니다.

"친구한테 가서 친구야 같이 놀자면서 장난감을 줘봐."

아이는 이해를 못했습니다. 그래서 엄마와 같이 역할극을 나누어 시범을 보였습니다.

아빠 (곰돌이 인형을 가지고 간다) 친구야 장난감 가지고 놀자.

엄마 응 같이 놀자(곰돌이 인형을 받아 든다).

아빠 함께 노니깐 재미있다. 이것도 너 줄게(다른 인형도 준다).

나중에는 아이와 함께 역할극을 했습니다. 아이도 무척 재미있어 했습니다. 유치원에서 벌어질 만한 상황을 많이 만들어 역할극을 했습니다. 마치 소꿉놀이처럼요. 며칠 후 받은 메모장에 친구들을 잘 이끌고 논다고 쓰여 있었습니다.

이 추억이 잊힐 때쯤 후배가 아이 교육 때문에 고민하고 있었습니다. 유치원에 보낸 아이가 자꾸 친구들의 물건을 뺏어서 선생님께 전화가 온다는 것이었습니다. 제가 보기엔 아이가 친구와 같이 노는 법을 배우지 못한 것 같았습니다. 제가 말해 주었습니다. 아이에게 친구와 같이 노는 법을 가르쳐 주라고요. 아이가 혼자 커서 누구에게 배우지 못한 거라고요.

인형을 가지고 상황에 맞게 엄마 아빠가 역할극을 보여 주면 아이가 이해할 거라고요. 이왕이면 서로 상황을 바꿔서 장난감을 빼앗겨도 보게 하라고 했습니다. 며칠 뒤 후배가 환한 얼굴로 왔습니다. 문제행동이 고쳐졌다고요.

교육적일 것 같지 않은 것이 아이의 미래를 바꿉니다. 수잔과 수제트 자매처럼 인형놀이하는 우리 아이들도 하버드에 갈 수 있는 아이들입니다.

4

하브루타로 우리 아이를 하버드 키즈로 만들어라

질문하지 못 하는 한국 기자들

2010년 G20 폐막 기념식, 미국 대통령 오바마가 연설을 마쳤습니다. 개최국 역할을 훌륭히 해낸 한국에 대한 보답이라며 한국 기자에게 질문권을 하나 줬습니다. 세계 대통령이라 할 수 있는 미국 대통령에게 질문할 기회라니, 아파트 청약에 당첨된 것과 같은 기회를 얻었습니다. 오바마는 한국에 최대한 예의를 베풀었습니다. 서로 간의 배려, 화기애애한 분위기였습니다. 기대와 달리 갑자기 식장이 조용해졌습니다. 여기저기 손을 들 것이라는 오바마의 기대가 어긋났습니다. 오바마의 얼굴에 순간 당황한 기색이 올라왔습니다. 오바마는 말했습니다.

"누구 없어요?"

계속 어색한 침묵이 흘렀습니다. 오바마는 이 분위기를 바꿔보려고 한국어로 질문하면 통역이 필요할 것이라는 위트를 날립니다. 노력과 달리 조용한 식장의 어색함은 계속 이어집니다. 이 기회를 노려 중국 기자가 질문합니다. 그래도 오바마는 한국 기자에게 기회를 주려 합니다. 참다못한 중국 기자가 제안합니다. 한국 기자들에게 제가 질문해도 되는지 물어보자고요.

오바마가 객석을 향해 말합니다.

"없나요? 아무도 없나요?(question no, no takers, no, no takers)"

아무런 답이 없습니다. 오바마는 작은 한숨을 쉬며 어색한 웃음을 지었습니다. 결국, 질문의 기회는 중국 기자에게 갔습니다.

왜 이런 일이 벌어졌을까요? 해답은 간단합니다. 우리는 지식을 받는 단방향 수업을 하고 생각하지 않는 교육을 받았기 때문입니다. 선생님의 말씀과 행동, 농담까지 똑같이 적어야 높은 점수를 받는 대학교육을 지금도 받고 있습니다. 직장에서는 상사가 시키는 일을 무조건 따릅니다. 왜 해야 하는지 물어보면 '그것도 몰라.' 하는 핀잔만 돌아옵니다. 상사의 심중을 파악하는 사람이 유능한 사람입니다. 생각하고 질문하는 사람들을 뭔가 모자라고 눈치 없는 사람으로 치부합니다. 궁금증과 질문이 많았던 아이들도 학교에 입학하면 어느새 이런 분위기에 적응합니다. 질문 없는 교육을 받은 학생이 기자가

되었고 질문하는 법을 배우지 못한 기자는 인생에 한 번 있을
만한 기회를 놓쳐버렸습니다.

　이와 반대로 질문하고 답을 주고받는 토론식 수업을 하면
어떤 효과가 있을까요?

　세계 최고 대학이 어딘지 알고 이 학교의 교육시스템을
알면 바로 답이 나옵니다. 학생들에게 세계 최고 대학이 어디
냐고 물으면 모두 '하버드요.' 하고 말합니다. 하버드대는 세
계 최고라는 걸 증명하듯 2019년 기준 노벨상 수상자 배출 학
교 순위에서 160명으로 1위를 하였습니다. 하버드를 이렇게
만든 것은 무엇일까요? 물음의 답처럼 토론의 힘일까요? 아
직 답이 미덥지 않습니다.

　2013년 작 KBS 대기획 〈공부하는 인간〉에 하버드대 재학
생과 졸업생인 제니마틴, 스캇암, 릴리마골린, 브라이언 카우
더라가 출연했습니다. 이들은 하버드대가 세계적인 대학이 된
이유를 이구동성으로 말합니다. 토론식 수업이 하버드대를 세
계 최고의 대학으로 만들었다고요. 이걸 증명하듯 하버드대에
서는 토론이 학점의 70%를 차지합니다.[8]

　이들은 말합니다.

　"하버드대학 교정은 어딜 가나 시끄럽다. 이곳, 저곳에서
항상 논쟁 중이다. 고민이 있어 결정할 때도 항상 토론한다."

　이야기하다 보면 어느 순간 깨달음을 얻게 되는 것이 토

론의 효과입니다. 지금까지의 증명으로도 토론의 힘이 증명되었습니다. 토론의 어떤 면이 하버드를 세계 제일의 대학이 되게 했을까요?

유대인 교육의 예를 들겠습니다. 유대인은 전 세계 인구의 0.2%만 차지합니다. 하지만 역대 노벨상 수상자의 유대인 비율은 약 22%를 차지합니다. 특히, 경제학상의 경우는 37%, 물리학 부문은 26%, 생리의학상은 26%를 차지합니다. 이렇게 소수의 유대인이 노벨상에서 두각을 나타내는 이유를 이바르 게이바ivar giaever 미국 랜슬러 공대Rensselaer Polytechnic Institute 명예 교수는 이렇게 말했습니다.

"유대인이 인구가 적지만 노벨상 수상률이 높은 이유는 항상 궁금증을 갖고 질문을 많이 하기 때문이다."[9]

이바르 게이바 교수는 1973년 노벨물리학상을 받은 석학입니다. 이바르 게이바 교수가 지적한 유대인의 질문하는 힘은 어디서 나온 걸까요? 바로, 하브루타입니다. 이바르 게이바 교수는 이 유대인의 전통적인 교육 방법인 하브루타를 에둘러 말했습니다.

하브루타란 서로 질문을 통해 우정을 쌓아 가는 거예요

우정, 동료로 논쟁을 통해 더 나은 우정을 쌓아 간다는 것이 하브루타의 문자적 의미입니다. 하브루타는 학생들끼리 짝을 이루어 서로 질문을 주고받고 논쟁합니다. 나이와 성별에 차이를 두지 않습니다. 오로지 2명씩 짝을 지어 공부하면서 논쟁을 통해 진리를 찾습니다. 아이들은 서로 간의 치열한 논쟁으로 배움에 집중하고, 추리력을 날카롭게 하며 생각을 말로 변환하는 법과 생각을 정리하는 법을 배웁니다.[10] 이런 배움으로 아이들은 자기주도학습 능력과 사고력, 창의력을 향상합니다.[11,12]

유대인의 유명 도서관 예시바yeshivas는 이런 하브루타로 항상 시끄럽습니다. 조용히 책을 읽는 사람이 없습니다. 모르는 사람과도 책을 주제로 토론하도록 책상은 서로 마주 보게 놓여 있습니다. 하브루타의 성지가 예시바 도서관입니다.

하버드대 캐서린 스노우Catherine Snow 교수는 엄마가 책을 읽어 주기만 해서는 아이의 어휘력이 바뀌지 않는다고 강조합니다. 엄마가 책을 읽어 준 후에는 반드시 아이에게 질문하고 마음에 들었던 점을 이야기하며, 다음에 생길 일을 예상해 보게 하여 책 읽기를 토론으로 발전시키라고 합니다. 이런 과정을 거친 아이의 어휘력은 풍부해진다고 합니다. 마지막으로 아이의 어휘력은 처음에는 대화로 시작되었다가 독서를 통해서 발달하는데, 이때 아는 단어가 적어 독서를 어려워하는 아이는 그만큼 텍스트에 대한 이해도가 떨어져 학습부진으로 이

어진다고 말했습니다.[13]

  하브루타의 학습법이 좋은 것을 알았습니다. 그럼 우리는 어떻게 아이들에게 실천할 수 있을까요?

  가장 좋은 방법은 독서 토론입니다. 책을 함께 읽고 엄마가 질문하고 아이가 답하고, 아이가 질문하고 엄마가 답하면 됩니다. 처음에는 아이는 생각하는 힘이 생기지 않아 모른다고만 합니다. 그럼 엄마가 답해 주고 규칙을 가르쳐 줍니다. 질문을 만드는 방법도 가르쳐 줍니다. 방법은 만약 '～했다면' 이라는 것만 붙이면 됩니다. '청개구리' 이야기를 예로 들겠습니다.

  '청개구리가 만약 말을 잘 들었다면?'

  '엄마가 청개구리를 혼냈으면?'

  '엄마가 청개구리가 싫어서 혼자 놓고 집을 나갔으면 어떻게 되었을까?'

  엉뚱하게 해도 됩니다. 상상의 나래는 펼칩니다. 처음에는 한두 개만 질문하던 아이가 다양하게 질문하기 시작합니다.

  평소에도 아이가 질문하면 '그건 왜 그럴까?' 하고 질문을 되돌려 줍니다. 아이가 질문할 때 '그것도 몰라.' 하며 핀잔을 주면 절대 안 됩니다. 이렇게 하면 아이는 아예 입을 닫아 버립니다. 아이들의 행동을 바꾸고 싶다면 물어보는 투로 말해야 합니다. 예를 들어, '텔레비전 그만 보고 숙제해야지'를 '이제 텔레비전을 그만 보고 숙제하는 것이 어떨까?'라고 합니다. 처음보다 부드럽고 아이가 생각하고 선택할 여지가 있습니다. 아이는 수동적이 아니라 능동적으로 선택을 할 수 있습니다. 사람은 수동적인 것보다 능동적인 것을 좋아합니다. 숙제도 열심히 합니다.

아이가 고학년이 되면 시사를 주제로 토론하는 것도 좋습니다. 구체적인 방법으로 신문의 칼럼을 잘라 아이와 같이 읽고 토론하는 것도 좋은 방법입니다.

여기서 '3분 발표하기'와 하브루타가 뭐가 틀리냐고 묻는 분도 있습니다. '3분 발표하기'는 단방향입니다. 아이가 연설하거나 자기주장을 하는 형식입니다. 이에 반해 하브루타는 질문하기가 주입니다. 질문을 통해 호기심이라는 판도라의 상자를 엽니다.

하브루타 학습법을 개발한 오릿켄트Orit Kent 박사는 하브루타의 상호과정을 분석하여 짝을 이루는 3가지 특징을 제시하였습니다.[14] 특징이라기보다는 하브루타를 할 때 지켜야 할 항목입니다.

첫째. '경청하기'와 분명히 '표현하기'입니다.
듣는 사람은 상대방의 주장과 말을 잘 들어야 하고 말하는 이는 자신의 주장을 정확히 표현해야 합니다.

둘째, '궁금해하기'와 '집중하기'입니다.

사물이나 사건, 문장의 뜻이 궁금해야 질문이 생깁니다. 궁금해하지 않으면 질문이 생기지 않습니다. 꼬리를 물고 궁금증을 만들어 질문합니다. 그리고 집중하여 생각하고 답을 찾아봅니다.

셋째, '지지하기'와 '도전하기'입니다.

'지지하기'는 상대의 의견에 동의하고 '도전하기'는 내 생각이, 내가 만들어 낸 논리가 엉뚱한 것 같지만 용기 내어 이야기합니다. 말하는 이에게는 커다란 도전입니다. 도전과 지지 속에 하브루타를 하는 두 사람은 협력의 분위기가 됩니다. 문자적 의미인 우정을 나누는 사이가 됩니다.

아이의 궁금증을 닫게 하지 마시고 질문으로 열어 주십시오. 질문할수록 아이 뇌 속의 우주는 끊임없이 퍼져나갑니다.

6장
읽기는 통찰의 원천

1

통찰로 나아가는 것이 진정한 독서의 목적

성적을 올리기 위한 독서가 전부일까요?

부모는 아이들이 책을 읽으면 좋아합니다. 이유는 간단합니다. 학교 지식을 습득하기 위한 학습을 하는 것이니까요. 대학까지 12년, 입시 준비를 시키지도 않는데 알아서 책을 통해 공부하니, 부모로서는 얼마나 좋습니까?

이렇게 독서는 아이와 부모를 모두 만족시키는 행위입니다.

이것이 우리가 진정 독서를 하는 이유일까요? 오로지 학습을 위해 아이에게 책을 읽게 하는 것이 맞을까요? 이 물음에 답하기 전에 먼저, 아이들이 독서를 하면 좋은 이유를 나열하겠습니다.

첫째. 많은 단어를 알게 되는 어휘력이 향상됩니다.
둘째. 문장을 읽고 뜻을 이해하는 문해력이 향상됩니다.
셋째. 학교교육에 필요한 배경 지식을 습득합니다.

넷째. 어려움 없이 자기주도학습이 가능해집니다.

이런 결과로 아이들 성적이 향상됩니다. 학습 성장으로 학교 학습 과정을 따라가는 데 문제가 없습니다.

또 다른 의문이 생깁니다.

학습 성장만을 위해 아이들에게 독서를 시키는 건가요?

진정한 독서의 의미는 학습 성장을 위한 것이 아닙니다. 이런 목적이라면 대학교육을 마치는 시기가 되면 독서활동을 멈춥니다. 실제로 많은 학생의 독서활동이 초등학교 저학년 시기와 수능과 논술을 준비하기 위한 고등학교 과정에 몰려 있습니다. 학습과 입시만을 위한 독서를 합니다. 이것이 진정한 독서일까요?

이런 독서는 진정한 독서가 아닙니다. 즐기지 못하는 독서입니다. 독서량은 많지만, 효과가 나타나지 않습니다. 효과를 보더라도 미미합니다.

진정한 독서는 통찰에 있어요

그렇다면 진정한 독서는 무엇일까요?

호기심에 질문하고, 답에 대해 비판하고 나아가 자기통찰을 하는 것이 진정한 독서입니다.

발도르프Waldorfpädagogik는 청소년에 대한 교육목적은 다음 3가지 질문을 찾는 교육이어야 한다고 합니다.

'나는 누구인가?'

'다른 사람들과 나의 관계는 무엇인가?'

'삶의 의미는 무엇인가?'[1]

이것을 목적으로 고전과 역사를 공부합니다. 교육 자체가 자신의 존재를 향한 탐구로 아이들도 깊이 있게 참여합니다. 발도르프 교육은 세계적으로 유명한 교육이 되었습니다. 우리가 하는 독서도 이 질문에 답하는 것으로 나아가야 합니다. 물론 독서가 즐거움의 유희도 있겠지만, 그 즐거움 속에 앎과 탐구에 대한 즐거움이 숨어 있습니다. 우리는 아이들에게 이런 지적 즐거움을 심어 줘야 합니다.

진정한 독서가 어떻게 가능한지 호기심, 질문, 비판, 자아성찰 순서대로 풀어 설명하겠습니다.

독서는 호기심의 단초를 제공해요

독서를 하면 생기는 것이 호기심입니다. 다독하는 분은 알겠지만, 책을 읽다 보면 호기심이 꼬리에 꼬리를 물고 일어납니다. 왜 호기심이 생길까요?

1994년 카네기멜론대학교Carnegie Mellon University의 심리학

자인 조지 로웬스틴Roger Lowenstein이 호기심이란 '정보 간극'에 대한 반응이라는 이론을 제시하였습니다.[2,3] 내가 이미 알고 있는 것과 알고 싶어 하는 것 사이에 간극이 있을 때 호기심이 발생합니다.

정리해 보면, 호기심이란 이미 완벽히 알고 있거나 전혀 모르는 것에는 생기지 않습니다. 어느 정도 알고 있으나 완벽하지 않은 상태에서 발생합니다. 이렇게 잘 몰랐던 부분을 시원하게 긁어 주면 우리는 강한 지적 호기심을 느끼며 어느 순간 책을 몰입하며 읽습니다. 이런 모습을 우연히 보시거나 경험했던 적이 있을 겁니다. 병원에서 기다리며 보았던 책이 내가 궁금했던 혈압과 척추 관련이나 가족의 병 내용이었다면 자신도 모르게 몰입합니다. 간호사가 불러도 듣지 못하고 읽습니다. 진료에 들어가면 의사에게 폭풍 질문을 쏟아 내고요. 호기심이 몰입과 또 다른 호기심을 만들었습니다.

더 많이 읽을수록 호기심은 배가 되고 책을 읽는데 더 많은 재미를 느끼게 합니다. 쌓여가는 지식은 스노우볼 현상(눈덩이를 비탈에 구르며 더 큰 눈덩이가 되는 현상)처럼 더 큰 호기심을 불러옵니다. 많은 독서를 한 사람들이 독서에 계속적인 흥미를 느끼는 이유입니다.

호기심을 질문으로 형상화해요

호기심이 쌓이다 보면 호기심이 질문으로 형상화합니다. 이때부터는 질문에 대한 답을 찾기 위한 강한 지적 욕구가 발현합니다. 스스로 답을 찾기 위해 또 다른 독서를 합니다. 뇌는 끊임없이 자기 자신에게 질문을 던지고 답을 찾습니다. 어떤 때에는 머릿속에서 뇌가 질문하는 바람에 잠을 잘 이루지도 못합니다.

책을 읽었어도 시원치 않으면 또 다른 책을 찾아 읽습니다. 이것이 편독하는 과정입니다. 아무것도 들리지 않는 몰입의 순간을 느끼기 시작합니다. 하지만 이 단계에 처음 들어간 분은 책에서 주는 답을 비판 없이 수용합니다. 질문에 대한 답을 저자가 말해 주는 대로 받아들입니다. 이때 비판이라는 것이 필요합니다.

진정한 답은 없어요. 비판이 필요해요

우리는 책에 쓰여 있는 것을 거의 비판하지 않고 그대로 수용하는 경향이 있습니다. 책이 상대적으로 인정받은 매체에서 출판된 것이라면 이 현상은 더욱 강합니다. 특히, 독서의 경험이 적은 분들에게서 많이 나타납니다. 오직 내가 읽은 한 권의 책과 다른 정보로 얻은 것만을 신뢰합니다. 이런 분들과는 토론도 어렵습니다. 상대의 의견이 아무리 합당하더라도 받아들이지 않습니다. 이런 분들은 자신이 믿었던 지식의 덩어리가 깨져 나가는 아픔을 경험해 봐야 합니다.

필자도 독서를 통해 나의 고정된 지식이 깨져 나가는 아픔을 느꼈습니다. 아픔과 함께 호기심, 질문 단계를 거쳐 비판의 단계로 왔습니다. 제게 지적 깨달음, 통찰을 준 사례 2가지를 소개하겠습니다. 아마 여러분들도 고정된 사고의 바뀜을 느낄 겁니다.

첫째, 《문명의 충돌》

이 책은 세계적인 베스트셀러입니다. 책에서는 세계의 각 문명을 이슬람, 기독교, 러시아 정교, 유교권으로 나눕니다. 이들 문명이 만나는 시기마다 또는 경계층에서 전쟁이 벌어졌다고 여러 사례를 듭니다.

2001년 9.11테러가 발생하자 이 책은 미국 사회에서 집중 조명을 받았습니다. 작가 새뮤얼 헌팅턴Samuel Huntington의 예언대로 이슬람 문명권과 기독교 문명권의 충돌이었으니까요. 이슬람 문명권은 이슬람 테러리스트, 기독교 문명은 미국을 말합니다. 저도 새뮤얼 헌팅턴의 시각과 예언에 깜짝 놀랐습니다. 작가의 시각대로 세계 분쟁 요소를 해석하자 모든 것이 맞아 들어가는 것 같았습니다. 하지만 이것은 오래 가지 못했습니다.

하랄트 뮐러Harald Müller의 《문명의 공존》을 읽고서는 여지
없이 깨져 나갔습니다. 작가는 현대에서 가장 위험한 갈등과
잔인한 전쟁이 중앙아프리카, 아프카니스탄, 쿠르드, 알제리,
한국의 동일 문명권에서 일어났다고 설명합니다. 새뮤얼 헌팅
턴의 시각대로라면 중국과 대만, 한국은 같은 유교 문화권으
로 서로 싸울 일이 없어야 합니다. 하지만 중국과 대만, 중국
과 한국은 동아시아의 긴장을 유발하고 있습니다.

둘째, '르완다 학살'의 원인

1994년 '르완다 학살'이 일어났습니다. 후투족이 투치족을
인종 청소한 사건입니다. 100일 동안 80만 명을 학살했습니다.
혹자는 100만 명이라 주장합니다. 후투족은 어제까지 친한 동
네 아저씨와 목사를 죽였습니다. 심지어 방금까지 아이를 진
료했던 후투족 의사는 아이가 투치족이라는 이유만으로 죽였
습니다. 원인이 무엇일까요?

르완다가 벨기에의 식민지 시절, 벨기에는 통치를 위해
이들을 후투족과 투치족으로 나눕니다. 그리고 전체 인구의
20%도 안 되는 투치족에게 우대정책을 폅니다. 후투족의 불
만은 쌓여만 갔습니다. 이런 오래된 인종 간의 혐오가 깊게
자리 잡고 폭발한 것이 학살의 원인이라고 평가합니다. 신문
이나 방송에서도 이렇게 진단했습니다. 정설로 여겨집니다.

저는 우리의 한일 역사에 비유하며 분개했습니다.

그러나 《총.균.쇠》의 작가 재러드 다이아몬드는 《문명의 붕괴》에서 다른 시각으로 말합니다. 학살의 피해자 중에 소수민족인 트와족도 30% 이상 학살을 당했고, 거대 농장을 가진 후투족도 살인을 당한 것에 주목합니다. 왜 이들이 살해당했을까요?

땅이었습니다. 농경에서 산업체계로 넘어가지 못한 그들은 모든 생산을 땅에만 의존했습니다. 여기에 더해 의학의 발달로 인구는 증가했습니다. 1990년 기준 르완다의 인구 밀도는 760명이었습니다. 세계에서 손꼽히는 인구 밀도입니다. 아프리카 국가 중에 두 번째입니다. 축구장의 10분의 1 크기인 120평의 경작지로 10명의 대가족이 생활해야 했습니다.

분가를 위한 기본적인 생산요소인 땅이 없어 젊은이들은 결혼과 독립을 미뤘습니다. 프루니어Gerard Prunier의 1995년 연구에 의하면 1988년 부모와 같이 사는 청년의 비율이 71%에서 1995년에는 100%로 치솟았습니다. 청년들의 불만은 점차 높아져 갔습니다. 용광로처럼 끓은 불만은 결국 학살로 이어졌습니다.

《문명의 붕괴》에서 학살의 한 장면을 말합니다. 거대 농장을 갖고 있던 이는 후투와 투치 상관없이 모두 살해당했고, 또한 친족들 사이에서도 살인이 일어났습니다. 학살 후에 재산 분배가 있었습니다.[4] 그것은 땅이었습니다. 학살의 주동자는 누구인지 말하지 않아도 여러분은 아실 겁니다.

이렇게 책을 읽으면 믿었던 것이 깨져 나가는 순간을 마주합니다. 오랜 시간 믿어 왔던 거라면 아픔이 더 클 수도 있고 새로운 아이디어를 얻을 수 있습니다. 저는 '사람들은 확증 편향된 자기주장을 위해 자료를 취사선택한다'라는 사실과 '모든 일은 하나의 이유로 발생하지 않는다. 다양한 시각으로 보는 것이 필요하다'라는 사실을 깨달았습니다. 다음부터는 책을 읽더라도 비판적으로 읽기 시작했습니다. 데이터가 부족한가? 풍부한 사례를 들었는가? 합당한 사유인가? 다른 책에는 어떻게 표현이 되었을까? 비판하며 읽습니다.

비판이라고 하면 무조건 나쁘게 보는 분들도 있습니다. 이전의 시대가 질문과 비판을 받아들이지 않았던 시대였기 때문입니다. '비판'의 한국어 뜻은 '잘못을 들춰내 따짐'이라는 뜻이기에 더 받아들이지 못합니다. 지금 사회는 획일을 떠나 비판적 사고를 원하고 있습니다. 오죽하면 미국 대학 입학고사인 SATScholastic Assessment Test 시험의 3과목 중 1과목이 비판적 읽기critical reading일까요.

비판을 넘어 자기성찰이 필요해요

비판적 사고critical thinking는 다른 생각, 반대 의견, 동의하는 생각, 새로운 것, 낡은 것 등을 받아 다듬어 새로운 생각을 창조합니다. 독서로 호기심을 유발하고 질문을 만들고 비판하여 하나의 창조까지의 일련의 과정, 나아가 자기성찰, 이것이 진정한 독서의 목표입니다. 아이의 논리력, 어휘력, 지식의 향상, 자기주도학습에만 초점을 둔 독서교육은 반쪽 교육입니다. 대양으로 나가지 못하는 작은 배가 될 뿐입니다. 아이에게 인생이란 긴 항해를 완주할 수 있는 큰 배를 만들어 주는 것이 독서입니다.

2

다섯 가지 원칙으로 독서습관을 바르게 잡아라

독서를 하는 5가지 원칙

아이가 초등 1학년이 되면 글을 배워 혼자 교과서를 읽기 시작합니다. 읽기 독립이 시작되었습니다. 이때 독서습관을 잘못 잡아 주면 아이가 독서에 흥미를 잃을 수 있고 책을 읽어도 내용을 이해 못 하는 경우가 생길 수 있습니다.

'세 살 버릇 여든까지 간다'라는 말처럼 부모는 아이에게 좋은 독서습관을 가르쳐 주고 싶습니다. 어떤 독서습관이 아이들에게 좋은 영향을 줄까요? 낭독과 함께 아이 읽기 독립을 도와주는데 기본적으로 지켜야 할 것들이 있습니다. 5가지 기준으로 나눠 보겠습니다.

첫째, 아이가 좋아하고 재미있어하는 책을 읽게 합니다.

당연한 말입니다. 재미가 없으면 읽지 않습니다. 우리는 이것을 가끔 무시합니다. 아이들의 권장 도서, 교과 연계 도서, 전집이라는 이유로 아이들에게 읽기를 강요합니다. 공부와 연계된 도서를 읽어야 공부를 잘할 것 같다는 막연한 기대감으로 강요합니다.

아이에게 책의 선택권을 줘야 합니다. 주말에 도서관이나 중고서점에 가서 아이가 책을 선택하게 합니다. 도서관은 책값이 무료고 중고서점은 책값이 쌉니다. 아이가 책을 잘못 골랐다 해도 큰 부담이 없습니다.

아이가 아직 독서에 흥미를 느끼지 못했다면 책을 고르기 어려워합니다. 이때 부모가 재미있는 책을 읽어 보고 추천해 주십시오. 초등 3, 4, 5, 6학년 도서는 어른이 봐도 재미있는 것들이 많습니다. 《찰리와 초콜릿 공장》, 《말괄량이 삐삐》는 어린이 소설입니다. 얼마나 재미있으면 영화까지 나왔겠습니까. 반드시 부모가 읽었을 때 재미있는 책을 추천해야 합니다. 교육적으로 접근하면 재미없어집니다. 읽어 보고 아빠가 먼저 책 뒷장에 서평을 간단히 쓰십시오. 다음은 엄마가 쓰고, 아이가 씁니다. 서평을 서로 비교해 보는 것도 재미있습니다. 서평 쓰는 법은 뒤에 쓰기 부분에 자세히 설명하겠습니다.

아이가 학습만화 책을 고르면 거부하십시오. 흥미 위주 이야기로 아이들이 이야기 흐름만 따라가고 설명하는 긴 지문은 읽지 않고 넘겨 버립니다. 단편 지식이다 보니 글을 읽고 맥락을 이해하는 능력이 퇴보합니다. 《공부머리 독서법》 최승필 작가는 책에서 '학습만화는 한 줌도 안 되는 얕은 지식을 얻기 위한 언어능력조차 올리는 데 도움이 안 됩니다. 이렇게 독서습관마저 망칠 수 있는 학습만화를 읽힐 필요가 있을까요?'[5] 하고 우리에게 묻습니다.

전집은 사지 말고 서점에서 단권으로 사십시오. 소설《미야모토 무사시》에 나오는 도장깨기처럼, 한 권씩 읽고 책장에 꽂습니다. 아이와 엄마, 아빠의 서평이 들어가 있는 책으로 세상에 단 하나밖에 없는 책입니다. 볼 때마다 뿌듯함과 가슴속에 사랑이 피어올라 옵니다. 책장이 가득해지면 밥을 안 먹어도 배부릅니다. 한 권씩 늘 때마다 그 사랑은 쌓여갑니다.

둘째, 천천히 읽어야 합니다.

책은 천천히 읽어야 합니다. 초등학교 저학년 때 부모들이 가장 많이 하는 실수는 '오늘 몇 권 읽자?' 하고 읽을 책의 권수를 정하는 겁니다. 책은 음미하고, 이해 안 되면 다시 읽고, 어려운 어휘가 나오면 앞뒤 문맥으로 유추하여 알아가는 법을 배워야 합니다. 이렇게 권수를 정해 놓고 읽다 보면 아이들은 읽기를 과제로 생각하고 빨리 해결하려 합니다. 책을 빨리 읽고 놀려고 대충 보고 읽었다고 합니다. 부모는 아이가 책을 많이 읽었다고 생각하지만 아이는 안으로 썩고 있습니다. 시간은 시간대로 소모하고요.

둘째가 초등 2학년 때였습니다. 독서왕 선발전이 열렸습니다. 일정 기간에 많은 도서를 읽는 사람을 선발하는데 기록은 도서관에서 대여한 책의 권수로 확인했습니다. 둘째는 수업이 끝나자마자 도서관에 가서 대여섯 권씩 책을 빌렸습니다. 그러고는 부지런히 읽었습니다. 대충 읽고 그냥 도서관에 내면 되는데 거짓말 못 하는 저학년이라 성실히 읽었습니다. 중간에 다리를 다쳐 목발을 하고도 꾸준히 대여해 읽었습니다. 이런 노력으로 독서왕에 선발되었습니다. 그런데 문제는 4학년 때 터졌습니다. 한 살 터울 형과 함께 데일 카네기의 《인간관계론》을 읽히는데 형보다 빨리 읽었습니다. 물어보면 대충 대답을 비슷하게 하지만 핵심주제를 짚어내지 못했습니다. 잘못된 독서습관이 잡힌 것이 확실했습니다. 해결 방법으로 목차별 한 줄 쓰기를 시켰습니다.

한 목차를 읽고 주제를 한 줄에서 세 줄로 적게 했습니다. 두 권 정도 시키고 서평 쓰기를 시켰더니 독서습관이 바르게 잡혔습니다. 목차 쓰기와 서평 쓰기는 쓰기 부분에서 설명하겠습니다.

책을 빠르게 읽는 속독은 독서를 많이 하면 저절로 됩니다. 그동안 쌓인 어휘력과 문해력으로 빠르게 이해합니다. 문제는 반드시 서평을 써야 합니다. 서평을 통해 자신이 바르게 읽었는지 자신의 독서습관이 바른지 확인합니다.

셋째, 책에 관해 이야기합니다.
아빠와 엄마, 아이가 한 권의 책을 읽고 대화를 합니다.

이야기의 깊이가 더욱 깊어지고 많은 여운이 남습니다. 서평을 써야 하는 아이에게는 서평을 어떻게 써야 하는지 방향을 알 수 있습니다. 이야기하는 방법은 하브루타와 뒤에 나오는 서평 쓰기를 이용하면 됩니다.

넷째, 책을 읽을 때는 스마트폰을 꺼야 합니다.

독서를 하거나 공부하는데 스마트폰 알림음이 울리면 궁금해서 한번 열어봅니다. 아무것도 아니라 다시 독서와 공부로 돌아가려 하지만 이상하게 집중이 안 됩니다. 왜 그럴까요?

캘리포니아대학교에서 실시한 연구에서 몰입을 깨는 방해가 30초밖에 안되더라도 다시 공부나 독서에 몰입할 때까지 20분 이상이 걸린다는 사실을 밝혀냈습니다. 또한, 미국 스탠퍼드대학교의 뇌과학 교수인 비노드 메논Vinod Menon은 '뇌의 섬엽insular cortex'이라는 부위가 공상과 집중상태의 전환을 하는 일종의 스위치 역할을 한다는 것을 알아냈습니다. 어떤 사람은 이 섬엽이 잘 작동하여 공상과 집중상태로 잘 전환하지만 어떤 사람은 전환이 잘 안된다고 합니다. 공통적인 것은 이 스위치를 자주 사용하면 피로도가 상승한다는 것입니다.[6]

이 두 가지 사실을 조합하면 아이가 책을 읽을 때는 반드시 스마트폰을 꺼놔야 한다는 결론이 나옵니다. 아이 것뿐만이 아니라 부모 것도 포함입니다. 독서는 아이가 몰입을 배우고 경험해 보는 하나의 창구입니다. 몰입을 지속해서 방해받으면 아이는 몰입을 배울 수 없습니다. 필자도 글을 쓸 때는 스마트폰을 반드시 무음으로 합니다.

아이들에게 스마트폰은 독입니다. 최대한 늦게 줘야 하고 최소한 집에 오면 꺼야 합니다. 부모들 것도 포함입니다.

다섯째, 아이의 독서습관은 종이책으로 만들어 주어야 합니다.

미디어 기기에서 동화책을 영상과 함께 화려하게 읽어 줍니다. 아이는 홀딱 빠져 바라봅니다. 심지어 더 보게 해달라고 조릅니다. 이것이 아이의 독서습관에 좋은 영향을 끼치는 것일까요? 엄마는 여러 생각으로 머리가 복잡해집니다.

전자기술이 발전하여 전자책이 출현했습니다. 같은 책이 전자책과 종이책으로 출판됩니다. 종이책과 비교하면 전자책의 장점이 많습니다. 물리적으로 차지하지 않아 한 번에 여러 권의 책을 가지고 있을 수도 있고, 어두운 곳에서도 볼 수 있고, 글자 크기를 크게 하여 나이 든 분들도 쉽게 볼 수 있습니다.

종이책의 장점도 만만치 않습니다. 책을 읽으면서 손으로 만지고 냄새를 맡고 어느 부분에 어떤 글이 있었는지 책의 두께와 위치로 알 수 있습니다. 종이책은 오감으로 책을 읽습니다. 더욱 중요한 것은 종이책이 전자책보다 집중도가 높습니다.

2013년 5월 MBC 뉴스데스크에서 보도한 내용을 보면 알 수 있습니다. 미국 닐슨 노먼 그룹Nielsen Norman Group에서 전자책과 종이책 비교 실험을 했습니다. 3가지 실험이었습니다.

첫 번째로는 독서속도를 재는 실험이었습니다. 종이책이 전자책보다 가독성이 6% 높게 나타났습니다.

두 번째로는 똑같은 내용을 종이책과 전자책으로 읽고 오답을 측정하는 실험이었습니다. 종이책은 오답이 7개와 16개였습니다. 전자책의 경우는 21개와 24개였습니다. 종이책이 오답이 적게 나왔습니다.

세 번째로는 종이책과 전자책을 읽을 때 뇌파를 비교했습니다. 종이책을 읽을 때는 집중할 때 나오는 베타파가 나왔지만, 전자책을 읽을 때는 긴장할 때 나오는 하이베타파가 나왔습니다.

종이책이 전자책보다 모든 것이 우세했습니다.[7]

요즘은 모두 디지털 교과서로 공부한다고 반문하실 수 있습니다. 제 대답은 '글쎄요'입니다. 경향신문에 따르면 '아이들은 3시간 이상 사용 시 눈과 머리가 아프다'라고 했고, 공부시간에 인터넷 서핑을 하거나 전자펜을 이용한 장난이 늘었다는 의견이 나왔습니다.[8] 실제로 제 아이들에게 패드를 줘보니 열심히 장난만 치지 교육 콘텐츠는 이용하지 않았습니다. 사주기 전에는 철저히 시간관리한다고 약속은 찰떡같이 해놓고 바로 미디어 기기에 굴복해 버렸습니다.

마지막으로 스티브 잡스Steve Jobs가 아이들에게 아이패드를 주지 않는다는 내용을 보도한 동아일보의 전문을 올리는 것으로 마칩니다.

　"NYT는 애플에서 아이패드가 처음 출시됐던 2010년 말 잡스와 했던 인터뷰 한 대목을 소개했다. 잡스는 '아이들이 아이패드를 좋아하느냐?'라는 기자의 질문에 '우리 애들은 아이패드를 사용하지 않는다'라고 답했다. 놀란 기자에게 잡스는 '아이들이 집에서 IT기기를 사용하는 것을 어느 정도 제한하고 있다'고 덧붙였다. 잡스의 공식 전기를 집필했던 월터 아이작슨도 '스티브 잡스는 저녁이면 식탁에 앉아 아이들과 책, 역사 등 여러 가지 화제를 놓고 대화했다'면서 '아무도 아이패드나 컴퓨터 얘기를 끄집어내지 않았다. 아이들은 전혀 기기에 중독된 것 같지 않았다.'"

3

바른 '읽기 독립'은 낭독으로

글을 이해하지 않고 글만 보는 아이

아이가 초등학교 1학년이 되어 글을 읽게 되면 엄마는 기쁩니다. 그동안 바쁜 시간을 쪼개 힘겹게 책을 읽어 줬는데 이제는 하루에 몇 권만 읽어 주고 나머지는 아이 혼자 책을 읽게 하면 됩니다. 아이 혼자 책을 읽는 모습을 보면 저절로 미소가 지어집니다. 아이가 대견하기도 하면서 뿌듯합니다. 조막만한 아이가 벌써 커서 혼자 글을 읽다니. 초보엄마로 아이를 어떻게 키워야 할지 고민 많았던 순간이 하나둘 스쳐 지나갑니다.

그런데 이상합니다. 아이가 읽으라는 책은 안 읽고 부지런히 책만 들고 왔다 갔다만 합니다. 책장을 쓱쓱 몇 장 넘기더니 다시 다른 책을 가져옵니다. 어느덧 책이 아이 앞에 수북이 쌓입니다. 진짜 책을 읽은 것일까? 하는 의심이 듭니다. 물어보니 아이는 다 읽었다고 합니다. 아이가 거짓말을 하는 걸까요?

글을 읽기 시작하면 아이는 혼자 책을 읽는 '읽기 독립'을 합니다. 하지만 '읽기 독립'을 잘못하면 눈으로 글자만 보는 잘못된 습관이 생깁니다. 내용은 파악하지 않고 쓱쓱 눈으로 글자만 보고 읽는 습관은 대체로 아이에게 책을 많이 읽으면 좋다고 강요하거나, 하루에 몇 권씩 읽자고 하면 생기는 습관입니다.

낭독은 아이의 바른 독서습관을 만드는 방법이에요

이런 현상을 막는 방법에는 무엇이 있을까요? 확실하게 '읽기 독립'을 시킬 방법은 없을까요?

방법은 아이에게 낭독을 시키면 됩니다. 낭독으로 아이의 읽기 습관을 알 수 있습니다. '읽기 독립'을 막 시작한 아이들은 글을 생략하거나 반대로 읽거나, 없는 낱말을 집어넣기도 합니다. 줄을 중간에 바꾸고 심지어 글자를 잘못된 발음으로 읽습니다. 조기에 잡아 줘야지, 안 잡아 주면 아이의 읽기와 말하기 습관에 안 좋은 영향을 끼칩니다.

낭독의 효과에 대해 정리해 보겠습니다.

● 집중력이 높아집니다.

글자를 정확히 보고 소리 내어 읽기 위해 온 신경을 집중해야 합니다. 또한, 줄을 놓치지 않기 위해서는 다른 곳에 신경 쓸 여력이 없습니다.

● 부정확한 발음을 확인하고 교정할 수 있습니다.

예처럼 아이의 습관적인 발음 실수 등을 알 수 있습니다. 굳어지기 전에 어릴 때 바로 고칠 수 있습니다.

● 말하기 훈련이 됩니다.

연설이나 발표할 때는 미리 써진 대본을 만들어 읽기 연습을 합니다. 낭독할 때 연설과 발표처럼 리듬과 톤 등을 조절해 보면 말하기 연습이 저절로 됩니다.

이런 효과만 있을까요?

MBC 〈우리 아이 뇌를 깨우는 101가지 비밀〉이란 프로에서 낭독이 뇌에 어떤 영향을 주는지 알아보는 실험을 했습니다. 힙합 그룹 블락 비의 리더 지코에게 한 실험으로 책을 음독과 낭독으로 읽을 때의 뇌파를 비교 측정했습니다. 낭독할 때 뇌가 더 활성화되는 것을 알 수 있었습니다. 초등 저학년 아이들 대상으로는 조금 다른 실험을 했습니다. 아이들에게 같은 책을 주고 한 팀은 음독으로 읽게 하고 한팀은 낭독으로 읽게 했습니다. 읽은 책에 대해 시험을 보았는데 낭독하는 팀의 아이들 점수가 더 높게 나왔습니다. 비슷한 실험을 어른들에게도 했는데 같은 결과가 나왔습니다. 낭독하면 눈으로 보고, 입으로는 말하고, 귀는 듣습니다. 말하기 중추 영역인 브로카 영역과 청각 영역이 활성화됩니다. 낭독은 잠들어 있던 뇌를 깨워 줍니다.

그럼, 아이들에게 낭독을 언제 시킬까요? 그리고 어떻게 시키면 될까요?

앞서 말했듯이 낭독은 아이가 '읽기 독립'을 하는 시기인 만 7세에서 10세, 초등학교 1~2학년 때 하면 좋습니다. 낭독 시간은 10분에서 20분이 넘지 않도록 합니다. 이 이상 넘어가면 아이가 지쳐 힘들어합니다. 어른도 소리 내서 읽기 싫어하는데 아이는 어떻겠습니까? 조금만 더 시킨다는 작은 욕심이 아이에게 책에 대한 나쁜 정서를 줍니다. 아이가 바르게 읽었고 아이가 원치 않는다면 더 하지 않는 것이 좋습니다.

낭독의 책은 짧은 글이 좋습니다. 긴 글, 동화 같은 경우는 아빠가 한 줄, 아이가 한 줄 이렇게 읽으면 좋은데 이왕에 책을 선정하려면 짧은 글이 좋습니다. 아이도 부담스럽지 않고 읽을 때 맘껏 기교를 넣어서 읽을 수 있으니까요.

둘째가 어렸을 때, 읽기 독립으로 낭독할 책을 가져오라하면 아이는《버스를 타요》라는 책을 가져왔습니다. 한 남자가 사막에서 홀로 사흘 동안 버스를 기다리는 내용이었습니다. 아이의 애정 도서였습니다. 섬세한 그림과 달리 글밥이 없었습니다. 글을 모두 모아 놓으면 조금 긴 시 정도였습니다. 아이는 매일 읽었습니다. 몇 번 읽으니 알아서 운율을 넣고 읽었습니다. 이런 습관 때문인지 나중에 학교 시 대회에서 상을 타오고 시키지 않아도 시를 씁니다. 낭독하면서 운율이 뇌에 기억되었습니다. 지금은 용돈벌이로 시를 응모하고 있습니다.

마지막으로 낭독을 할 때 어떻게 해야 하는지 설명하겠습니다.

● 자세는 바르게 하고 고개를 듭니다.
고개를 들어야 소리가 바르게 나옵니다.

● 천천히 큰소리로 또박또박 읽습니다.
어떤 아이들은 기어들어 가는 목소리로 읽습니다. 이것을 바꾸기 위해서는 큰소리로 약간 늦게 읽고 띄어쓰기를 지켜가면서 읽습니다. 아이에게 자신감을 심어 줘야 합니다.

● 가능한 지적하지 않습니다.
아이는 처음부터 잘하지 못합니다. 어른의 시각으로 보면 얼마나 많이 부족하겠습니까? 지적하면 아이는 더 웅크려 듭니다. 시간은 많다는 생각으로 하루에 한 가지만 가르칩니다. 다음날 같은 책을 읽으며 다른 걸 교정합니다.

● 서술은 리듬감 있게 대화 글은 연기하듯 읽습니다.

짧은 글이면 서술에 따른 감정을 넣으면서 흐름을 빠르게 했다가 느리게 합니다. 톤 역시 높였다 낮춰 봅니다. 리듬을 타면 글을 읽는 재미도 있습니다. 대화 글은 등장인물에 맞게 흉내 냅니다. 할머니면 할머니 목소리로, 화난 아저씨면 화난 아저씨 목소리를 연습해 봅니다. 아이는 이야기에 더 빠져듭니다.

● 가족에게 책을 읽어 줍니다.

남에게 책을 읽어 주려면 큰 담력과 자신감이 필요해서 낭독 최고의 경지라 할 수 있습니다. 책을 읽어 주는 대상이 보통 동생, 할머니로 아이는 책을 읽어 주는 대상에게 사랑을 품습니다. 사랑 없이는 읽어 주기 어렵습니다. 아이는 낭독으로 어느덧 사랑을 주는 아이가 됩니다.

7장

고전 읽기는
읽기의 완성

깊고 힘 있는 생각은 고전으로 키워라

고전에는 힘이 있어요

로스앤젤레스 레이더스LosAngeles Raiders 선수 앨런Allen이 74야드 터치다운을 했습니다. 승부에 쐐기를 박자, 관중들은 모두 일어나 환호성을 질렀습니다. 플로리다 템파의 템파스타 디움은 열정으로 부글부글 끓어오릅니다. 금방이라도 터져 나갈 것 같습니다.

술집과 부모, 친구 집에서 슈퍼볼 파티super bowl party로 모인 사람들은 서로 술잔으로 돌리고 격려의 말을 합니다. 환한 미소가 얼굴 가득합니다. 처음 만나 사이라도, 처음 만난 남녀라도, 풋볼을 사랑하고 좋아하는 사람은 누구나 친구가 되어 웃고 떠들고 얼싸안습니다. 팀을 떠나 오늘은 모두 친구가 됩니다. 서먹했던 사이의 부모라도 오늘은 서로에게 용서를 구합니다.

1984년 1월 22일, 시청률 40% 넘게 모든 미국인이 슈퍼볼을 보고 있습니다. 슈퍼볼은 미국의 양대 풋볼 콘퍼런스인 내셔널 풋볼 콘퍼런스National Football Conference, NFC의 우승팀과 아메리칸 풋볼 콘퍼런스American Football League, AFC 우승팀이 단 한 판으로 미국의 왕중왕을 가리는 경기입니다. 올해는 워싱턴 레드스킨스Washington Redskins(NFC)와 로스앤젤레스 레이더스LosAngeles Raiders(AFC)가 결승에 올라왔습니다.[1] 미국 국민은 일 년 중 오늘만을 기다리고 있었습니다.

3쿼터 경기가 끝났습니다. 15분 경기 후 2분간의 휴식. 열정의 시한폭탄, 감동의 템파스타디움을 뒤로하고 텔레비전 화면은 다른 화면으로 넘어갑니다. 열정 가득했던 미국 국민은 잠시 숨을 돌립니다. 일어났던 사람들은 자리에 앉고 소파에 몸을 묻습니다. 어느덧 사람들의 시선은 텔레비전으로 향합니다. 텔레비전은 방송사가 준비했던 광고를 보내기 시작합니다. 이때까지 미국 국민은 2분의 휴식 시간 동안, 오로지 한 번만 상영된 광고가 20세기 최고의 광고가 될 거라고는 알지 못했습니다.

텔레비전은 다음과 같은 영상을 보여 주기 시작했습니다.

어두운 회색 콘크리트 건물 사이, 두 공간을 연결하는 유리로 된 터널, 그곳을 회색의 옷을 입은 이들이 줄을 맞춰 지나갑니다. 완전히 깎은 머리부터 발까지 같은 모습입니다. 입은 굳게 닫았습니다. 눈은 멍하니 상대의 뒷머리를 향해 있습니다. 다른 색은 그들을 향해 떠들고 있는 모니터의 푸른 빛뿐입니다. 발을 맞춰 가지만 힘이 느껴지지 않습니다. 이들은 어디로 갈까요?

모니터 속의 남자가 열변을 토합니다.

"오늘 우리는 정보 순수화 지령의 영광스러운 1주년을 맞이하였다. 우리는 사상 최초로 순수한 이데올로기의 정원을 창조했다. 그곳은 진실을 호도하는 해충으로부터 벗어나 모든 노동자가 꽃을 피울 수 있는 안전한 공간이다."

화면은 잠시 전환됩니다. 흰 셔츠와 빨간 바지를 입은 여성이 강철 해머를 들고 뛰고 있습니다. 곤봉을 든 검은 복장의 사내들은 이 여인을 쫓습니다. 다시 단조로운 사내들의 모습이 나옵니다. 축 처진 어깨를 한 이들은 회색의 극장으로 줄을 맞춰 들어갑니다. 커다란 모니터의 화면에 나왔던 중년 남자가 계속 말을 합니다.

"우리의 사상 통일은 어떤 함대나 군대보다도 강력한 무기다. 우리는 하나의 의지, 하나의 결의, 하나의 이상을 가진 하나의 민족이다."

자리에 앉은 사내들은 홀린 듯 커다란 모니터 속 남자를 응시합니다. 미동도 하지 않습니다. 이들 사이로 강철 해머를 든 여인이 뛰어 들어옵니다. 아무도 쳐다보지 않습니다. 여인은 숨도 돌리지 않고 강철 해머를 멀리 던지기 위해 몸과 함께 강철 해머를 여러 번 돌립니다.

스크린 속 남성은 계속 말합니다.

"우리의 적들은 죽을 때까지 혼란에 빠질 것이며, 우리는 그 혼란 속에 그들을 묻을 것이다."

검은 추격자들이 다가왔습니다. 잡힐 찰나 여인은 스크린을 향해 해머를 던집니다. 스크린의 남자가 '우리는 승리할 것이다!'라는 말을 마침과 동시에 해머가 스크린을 깨버립니다.

하얀색으로 발광하는 스크린 쪽에서 바람이 몰려나옵니다. 단조로운 사내들은 바람을 맞으며 합창하듯 함께 '아!'하는 음을 냅니다. 이를 배경으로 자막이 올라옵니다.

'1월 24일 애플컴퓨터Apple Computer가 매킨토시Macintosh를 출품합니다. 그리고 당신은 1984가 왜 《1984》와 다른지 알게 될 겁니다.'(On January 24th, Apple Computer will introduce Macintosh. And you'll see why 1984 wom't be like "1984")

자막을 끝으로 장면이 전환되고 애플 로고인 무지개색 사과가 나오며 끝을 맺습니다.

경기가 끝난 다음 날, 직장에 출근한 이들은 휴식 시간과 점심 시간에 삼삼오오 모였습니다. 어제의 슈퍼볼 경기에 대해, 그리고 3쿼터 다음의 애플, 매킨토시의 광고에 관해 이야기합니다. 애플의 매킨토시 광고가 슈퍼볼에서 로스앤젤레스

레이더스가 우승한 것보다 더 많은 화제를 가져왔습니다.

한 번의 짧은 광고, 상품을 선전하는 부분은 단순한 자막에 불과한데 높은 관심을 끌었습니다. 왜 이런 현상이 생겼을까요? 남다른 시각적 영상미를 만드는 천재 리들리 스콧Ridley Scott이 광고를 감독했기 때문일까요? 아니면 단순히 애플의 충성 팬들 때문일까요?

중요한 사실은 이 광고 이후 매킨토시 판매량이 1984년 5월 3일에 70,000대에 도달했습니다.[2] 판매가격이 US$ 2,495 (2020년 US$ 6,220상당, 한화 730만 원)로 비쌌지만, 날개 돋친 듯 팔려나갔습니다. 1995년에는 클리오 어워드Clio Awards가 이 광고를 50대 최고의 광고 목록 맨 위에 올렸습니다.[3] 2000년에는 채널4가 가장 위대한 TV 광고 100선에 38위로 올렸습니다. 하루에도 수십 편의 광고가 쏟아지는데 16년이나 더 된 광고가 38위에 올랐습니다.

무언가 다른 비밀이 있는 것이 확실합니다. 비밀을 알기 위해서는 여기서 말하는 《1984》에 주목해야 합니다.

2013년 영국의 더 가디언The Guardian에서 재미있는 조사를 했습니다. '읽지 않았으면서 읽었다고 거짓말한 책'을 설문 조사했습니다. 여기에 《1984》라는 소설이 당당히 1위를 했습니다.[4] 2008년 6월 27일 중앙일보에서는 '신간 읽는 서울대, 고전 읽는 하버드대'라는 제목의 기사를 발표했습니다.[5] 하버드에서 가장 많이 팔린 책 1위가 《1984》였습니다. 이제 광고에 나온 《1984》가 소설책이라는 것을 아셨을 겁니다.

　《1984》는 이른바 우리가 말하는 고전입니다. 읽었다고 거짓말을 하고 하버드에서 가장 많이 팔린 책이라면, 거꾸로 생각해서 성인이면 반드시 읽어야 할 책입니다.

　그럼 《1984》라는 소설은 누가 쓰고 어떤 내용일까요?

　《1984》는 조지 오웰이라는 작가가 1차 세계대전, 스페인 내전에 참전하고 2차 세계대전을 겪은 후 집필한 책입니다. 배경은 극도로 전체주의화 된 가까운 미래입니다. 전체주의 사회에서 주인공이 개인을 찾다가 결국 국가에 굴복하고 국가가 요구하는 존재로 변화되는 모습을 그린 내용입니다.

　배경이 되는 국가는 개인의 생각과 개성을 용납하지 않습니다. 탈 개인화, 즉 개인의 생각을 국가화하기 위해 사생활을 하나하나 감시합니다. 이를 위해 모니터와 생김새가 비슷한 '텔레스코핑'이라는 장치를 사용합니다. 이 모든 것을 조종하고 통제하는 수장은 '빅 브러더big brother'입니다. 개인 삶의 기록인 일기 쓰기도 금지당한 주인공 윈스턴은 자기 집에서까지 구석에 숨어 비밀리 일기를 씁니다.

여기까지 이야기하면 어느 정도 감을 잡으셨을 것입니다. 이 광고에 등장하는 배경은 소설 《1984》의 전체주의 사회입니다. 조그마한 브라운관과 큰 브라운관은 '텔레스코핑'을 표현합니다. '텔레스코핑' 안의 남자는 물론 빅 브러더입니다.

이제 《1984》의 내용을 이해하셨으니, 더 확대해 보겠습니다. 영상 속의 빅 브러더는 거대 자본력과 오픈형 아킥테쳐 open architecture로 퍼스널 컴퓨터personal computer 시장을 거의 지배하고 있던 IBM을 의미합니다. 강철 해머를 들고 온 여성은 물론 애플의 매킨토시를 상징합니다. 영상이 여기까지 보여 줄 동안 시청자들은 자신이 생각하고 있는 것이 내가 생각하는 것과 같은 것인가? 확신하지 못하고 추측만 합니다.

'당신은 1984년이 왜 《1984》와 다른지 알게 될 것입니다'라는 마지막 문구가 올라오자, 시청자들은 지금까지 보아왔던 영상의 의미를 깨칩니다. '그래! 내가 생각했던 것이 맞았어!' 유레카를 외칩니다. 영상의 의미가 자신도 모르게 뇌 깊숙이 새겨집니다.

깊게, 넓게 생각하고 울림을 주는 고전의 힘

이것이 고전의 힘입니다.

시대와 공간을 떠나 짧지만 읽은 이로 하여금 마음속에

깊고, 넓게 생각하게 하고, 큰 울림을 줍니다. 《1984》라는 소설이 이미 미국인들에게 많이 읽혔고 사랑받는 소설이기 때문에 이런 광고가 나올 수 있었습니다. 만일 《1984》라는 소설을 알지 못했고 《1984》라는 소설이 깊은 감명과 여운을 주지 못하는 소설이었다면 이런 효과를 보지 못했을 겁니다. 실제로 필자의 동료들에게 유튜브에 등록된 영상을 보여 주었습니다. 《1984》를 읽지 않은 이들이라 모두 반응이 시원찮았습니다. 광고 나온 해가 조지 오웰이 소설 속에서 예언했던 1984년이라 더 의미 있게 시청자들에게 전달될 수 있었습니다.

고전은 시대와 공간을 떠나 마음속 깊게 자리 잡아 우리에게 어떻게든 영향을 주고 있습니다.

어렵고 오래된 책만이 고전이 아니다

오래된 책만이 고전이 아니에요

그럼 고전이란 무엇일까요?

네이버 사전에서는 '오랫동안 많은 사람에게 널리 읽히고 모범이 될 만한 문학이나 예술 작품'이라고 정의합니다.

오랫동안이라는 말 때문에 오래된 책, 어려운 책들만 생각합니다. 막연하게 《논어》, 《대학》, 《소학》, 《명심보감》, 단테의 《신곡》, 《파우스트》 등을 떠올립니다. 생각만 해도 머리가 아픕니다.

얼마나 오래되어야지 고전이라고 하는 것일까요? 《초등 1학년 공부 책 읽기가 전부다》를 쓴 송재환 작가는 30년을 기준으로 고전을 나눕니다. 애매한 부분이 있습니다. 조금 더 명쾌한 답이 없을까요?

이것저것 찾아보다가 우리나라에 유일한 고전평론가라는

분이 있다는 것을 알았습니다. 고전평론가라는 직업을 이분이 만드셨으니 대한민국과 세계에서 유일한 분입니다. 이분은 고미숙 작가님입니다. 고전을 새롭게 해석하여 어려운 고전이라도 쉽게 우리에게 전해 주는 역할을 하고 계십니다.

2017년 9월 27일 방영한 〈차이나는 클라스〉에서 고전의 정의를 말씀하셨습니다.

"인생과 세계에 대한 탐구로 강한 울림을 주면 그게 고전이다. 옛날에 나온 것도, 지금 나온 것도 상관없다."

얼마나 명쾌한 답입니까? 이 말을 조각내어 분류하겠습니다.

하나, 고전은 인생과 세계에 대한 탐구다.
둘, 강한 울림을 줘야 한다.
셋, 고전의 생성 시기는 상관없다.

고미숙 작가님의 정의대로 고전을 분류해 보겠습니다.

최근에 발간된 《이기적인 유전자》, 《샤피엔스》, 《총·균·쇠》 등도 고전이 됩니다. 우리에게 인간사를 어떻게 바라봐야 하는지 명쾌하게 해석하고 있습니다.

강한 울림을 준다면 우리가 예전부터 들어왔던 《콩쥐 팥쥐》, 《춘향전》, 《강아지똥》, 《아낌없이 주는 나무》 같은 신화와 동화도 고전이 됩니다. 발도르프에서는 신화와 동화를 왜 읽히는지 《발도르프 공부법 강의》를 인용해 보겠습니다.

"우리 몸에 양분을 주는 음식처럼 동화는 우리의 영혼을 살찌우는 양식이다. 동화나 전설, 신화 없이 자란 아이는 겉으로 그렇게 보이지 않을지 몰라도 속은 궁핍하기만 하다. 왜 그럴까? 이러한 이야기가 인간의 발달에서 매우 심오한 무언가를 보여 주기 때문이다."[6]

발도르프에서는 이미 신화와 동화도 고전처럼 아이들에게 읽히고 있었습니다.

고전에는 삶에 대한 치열한 고민이 들어있어요

'고전은 인생과 세계에 관한 탐구다'라는 고미숙 작가님의 고전 정의에 필자의 생각을 더해보겠습니다. 저는 '고전은 인간의 삶을 고민하게 만드는 것이다'라고 정의합니다. 이게 무슨 뚱딴지같은 이야기일까요?

잘 알려지고 제가 감명 깊게 읽은 고전 소설을 예를 들어 설명하겠습니다.

우리가 잘 아는 톨스토이의 대표작 《안네 카레니나》는 보통 불륜 소설로 알려져 있습니다. 안네라는 유부녀가 브론스키라는 군인을 만나 사랑에 빠진다는 내용입니다. 그래서 영화화될 때마다 유명 여배우들이 안네 역을 맞습니다. 1947년에는 비비언 리Vivien Leigh, 1997년엔 소피 마르소Sophie Marceau, 2012년엔 키이라 나이틀리Keira Knightley가 안네 역을 합니다.

영화화될 때마다 사람들은 안네 카레니나와 브론스키와의 불륜에만 집중합니다. 톨스토이가 말하고 싶은 진정한 커플이 또 있다는 것을 모릅니다. 영상에서는 톨스토이가 이 커플들을 통해 진정 자기가 하고 싶은 말을 한다는 것은 전해 주지 못합니다. 어떤 커플일까요?

바로 레빈과 키티 커플입니다. 레빈이 초반 고민하는 내용을 보면 '어떻게 사람들과 살아갈까?' '내가 받는 특혜는 정당한가?' 하는 사회의 정당성과 삶에 대해 고민을 합니다. 키티도 초반엔 진정한 사랑이 무엇인가를 고민하다 소설 끝부분으로 가서는 진정한 이타적 사랑을 지닌 여인으로 성장합니다. 소설 《안네 카레니나》의 진정한 주인공은 레빈과 키티 커플입니다. 분명 안네를 통해 톨스토이가 이야기하고 싶은 것도 있지만, 톨스토이는 레빈과 키티를 통해 독자가 인간의 삶을 고민하게 만듭니다.

서머싯 몸William Somerset Maugham의 《인간의 굴레》라는 소설도 있습니다. 서머싯 몸의 자전적 소설입니다.

주인공 필립은 부모를 여의고 백부 밑에서 성장합니다.

나이가 들어 화가의 꿈도 가져보지만 실패하고 믿었던 여자에게 속임수와 실연을 당합니다. 주식에 투자한 돈도 모두 날려 무일푼이 됩니다. 돈 없는 궁핍함이 얼마나 무서운가를 몸으로 체험합니다. 실연, 투자의 실패, 여기까지 읽었을 때 그냥 '인생 살아가는 이야기일 뿐이다.' 하고 생각했습니다. 마지막 부분에서 애설니의 가족을 만난 필립은 진짜 인생이 무엇인지를 어렴풋이 느낍니다. 주인공 필립은 의과 공부를 끝내면 배를 타고 여러 곳을 여행할 생각에 가득 차 있었습니다만 계획대로 되지 않았습니다. 애설니의 딸 샐리가 자신의 아이를 임신했기 때문입니다. 아이와 사랑하는 샐리를 위해 필립은 어느 해안가 마을의 평범한 보건 의사로 살아가기로 하며 책은 끝납니다.

이 소설에서는 '인생은 모험이나 특이한 것이 없다. 그저 그렇게 평범하게 살아가는 것이다'라는 메시지를 전해 줍니다. 읽고 나서 인생의 의미에 대해 얼마나 많이 생각했는지 모릅니다.

서머싯 몸의 《면도날》이라는 소설도 있습니다. 주인공 래리는 촉망받는 젊은이로 사랑하는 여인 이사벨라가 있었습니다. 1차 세계대전 참전 중 옆의 동료가 잠깐 사이 죽는 것을 봅니다. 이 일을 계기로 인생을 바라보는 시각이 바뀝니다.

인생의 진정한 의미를 찾는 여정을 시작하는 내용입니다. 마지막에는 뉴욕의 택시 운전사로 일하는 것으로 끝납니다.

모두 인간이 인생을 어떻게 살고 어떠한 존재인지에 대한 고민이 들어있습니다. 우리가 읽은 《콩쥐 팥쥐》를 보십시오. 전처의 자식이라고 차별하지 말라는 내용입니다. 《혹부리 영감과 금도끼 은도끼》는 거짓말하지 말라고 합니다. 쉬운 교훈이지만 인간은 어떻게 살아야 한다는 교훈이 담겨 있습니다. 논어에도 공자의 '인간은 어떻게 살아야 하는가?' 하는 치열한 고민이 들어가 있습니다. 어렵거나 쉽거나 다 인간이 어떻게 살아야 하는 교훈이 있다는 것은 같습니다.

고전은 어렵고 쉽고, 동양과 서양, 과거와 현재를 떠나 우리에게 깊은 울림을 주고 삶의 방향을 가르쳐 줍니다. 우리와 멀리 떨어져 있지 않습니다. 다만 우리가 인식하지 못하고, 독서라는 행위를 특별한 행위로 생각하다 보니 고전이란 것이 어렵고 멀게 느껴졌던 것뿐입니다. 동화책부터 소설까지 고전은 언제나 항상 우리 곁에 있었습니다.

3

고전으로 뇌 구조를 바꿔라

고전을 읽고 고민하는 과정은 뇌의 구조를 바꾸는 거예요

미국의 시카고에는 지명을 딴 시카고대학University of Chicago이 있습니다. 1890년 석유 재벌 존 D. 록펠러John Davison Rockefeller의 기부금으로 설립된 연구 중심 사립대학입니다. 시골의 조그마한 학교, 1890년에 개교한 이래 1929년까지는 평범한 별 볼 일 없는 지방의 대학교였습니다. 현재는 노벨상 수상자를 80명이나 넘게 배출한 명문으로 자리 잡았습니다.[7]

이 학교에 대체 무슨 일이 있었던 것일까요?

앞서 1929년까지라는 말에 힌트가 있습니다. 1929년은 시카고대학의 제5대 총장 로버트 허친스Robert Maynard Hutchins가 취임한 해입니다. 허친스는 세계의 위대한 고전 100권을 달달 외울 정도로 읽지 않은 학생은 졸업시키지 않는다는 '시카고 플랜great book program'을 시작하였습니다. 이후로 시카고대학은 노벨상 왕국이 되었습니다.

고전 100권을 읽기 시작하자 생긴 변화입니다. 평범했던 학생들이 노벨상까지 노리는 인재가 되었습니다.

다른 예들도 있습니다. 전교 꼴찌를 한 윈스턴 처칠Winston Churchill, 초등학교에 입학한 지 3개월 만에 퇴학당한 토머스 에디슨Thomas Edison, 처칠과 같이 초등학교 시절 전교 꼴찌로 학습부진아 반에 들어간 아이작 뉴턴Isaac Newton[8]도 고전 읽기를 통하여 새롭게 깨어났습니다.

고전을 읽으면서 뇌가 변화를 일으켰습니다. 어휘력이 증가하고, '인생이란 무엇인가'라는 질문에 답하니 생각의 깊이가 깊어졌습니다. 뇌의 뉴런의 세포 조직이 다리를 뻗어나가 새로운 뇌를 만들었습니다. 또한, 그들에게 새로운 삶에 대한 목표를 자기들도 모르게 각인시켰습니다.

고전의 질문은 '나는 누구인가?'부터 시작합니다. 고전을 읽으면서 과거의 석학들과 높은 수준의 질문을 머릿속에서 끊임없이 해야 합니다. 어찌 뇌가 변하지 않을 수 있을까요.

4

고전은 사람에 대한 이해력을 키워 준다

나와 다름을 이해하게 돼요

아버지가 살아 계실 때였습니다. 아버지와 함께 할아버지 산소에 벌초하고 내려와 풀 사이에 난 좁은 시골길을 걸었습니다. 기둥이 기울어져 언제 쓰러질지 모르는 기와집을 지날 때였습니다. 벽처럼 기울어진 방문이 열려 있었습니다. 문에는 발이 처져 있었지만, 안이 다 보였습니다. 나이 드신 할아버지가 속옷 차림으로 텔레비전을 보고 있었습니다.

"안녕하셨어요?"

아버지가 방안의 노인에게 인사 하셨습니다.

"누구여?"

"순둥이입니다"

"응, 순둥이!"

아버지는 노인과 몇 마디 나누시고는 다시 출발했습니다.

기울어진 기와집이 안 보이자 아버지가 한마디 하셨습니다.

"저 할아버지는 네 할아버지가 살린 분이야. 6·25전쟁 때 공산당 완장 차고 다녔는데 할아버지가 살렸어."

띵! 망치로 머리를 한 대 맞은 느낌이었습니다. 할아버지는 마지막 선비로 동네의 훈장님이셨다고 아버지께 누누이 들었는데, 어떻게 공산당 붉은 완장을 차고 앞잡이 노릇을 한 사람을 두둔했을까?

그동안 공산당은 나쁘다고 알고 있는 나에게는 큰 충격이었습니다. 아버지의 뒤를 따라 내려오는 내내 이 궁금증은 머리에서 떠나지 않았습니다.

할아버지는 환갑이 안 되어 돌아가셨는데, 돌아가시게 된 계기를 어머니에게 들은 것은 더 놀라웠습니다.

"할아버지는 그 당시 훈장님으로 마을 사람들이 따르니깐 공산군이 가고 나자 미군이 지프를 타고 와서 할아버지를 끌고 갔어. 끌고 간 이유가, 할아버지에게 공산당 부역자를 찾아내라고 하는 거였대. 다행히 할아버지가 노력해서 우리 동네에서는 아무도 잡혀가지 않게 했대. 할아버지가 말을 잘한 거지. 그런데 미군들이 잊을 만하면 밤에 차타고 와서 할아버지를 데려갔대. 얼마나 무서웠는지 그 후부터는 할아버지가 차 소리만 들리면 벌떡 일어나 벌벌 떨었다는 거야. 네 아빠 말로는 밤에 차 소리가 나면 누군가 잡으러 온다고 벌떡 일어나 숨고 하셨대, 그래서 마음 병으로 일찍 돌아가신 거지."

할아버지 행동이 저는 이해되지 않았습니다. 할아버지가 무슨 생각으로 그들을 두둔하신 건지, 집성촌으로 그 사람들이 사촌지간이라 '어쩔 수 없이 그렇게 했을까.' 하는 생각이 들었습니다. 책을 읽기 전에는 할아버지를 이해할 수 없었습니다.

할아버지의 깊은 뜻을 이해하게 된 것은 조정래의 《태백산맥》을 읽은 다음이었습니다. 국가보안법으로 검찰로부터 고소를 당해 11년 동안이나 조정래 작가를 마음고생 하게 한 책입니다.[9] 지금은 현대의 고전으로 중년의 선배들이 대학생 후배들에게 가장 권하고 싶은 책 1위가 되었습니다.

이 책을 접한 것은 우연이었습니다. 결혼으로 방을 비운 동생의 방을 정리하다 《태백산맥》을 만나게 되었습니다. 국가보안법 위반으로 여론이 집중된 책이라 내용이 궁금하기도 했습니다. '검찰이 왜 고소를 했을까?' 하는 궁금증에 한 페이지를 열어보았습니다. 한 단락을 읽자 조정래 작가의 필력에 매료되었습니다. 고정된 사고를 깨트리는 지적 유희에 밤이 새는지도 모르고 단기간에 10권을 완독했습니다.

《태백산맥》이 빨치산을 다루는 책이라 '그딴 거 왜 읽어?' 하고 필자를 질타하시는 분도 있을 수 있습니다. 물론 저도 공산주의가 잘못된 것을 압니다. 공산주의는 자본주의와의 체제 경쟁에서도 이미 실패한 경제 논리입니다. 공산주의는 목적을 이루기 위해서 수단을 정당화하고 잘못된 일을 많이 저질렀습니다. 앞서 예시한 박완서 작가의 《그 많던 싱아는 누가 다 먹었을까》와 《그 산이 정말 거기 있었을까》에는 박완서 작가가 6·25전쟁 때 겪은 내용이 자세히 나옵니다. 저는 정치를 떠나 조정례 작가가 그리고 싶은 그 당시의 민초의 삶을 이야기하고 싶었습니다.

《태백산맥》에는 6·25를 전후해 민초들이 왜 공산주의를 선택할 수밖에 없었고, 어떻게 살았는가를 보여 주고 있었습니다. 한 장, 한 장, 한 권, 한 권 책을 읽어 가면서 그들의 삶을 이해할 수 있었습니다. 책을 닫고 나서 눈을 감자 얼굴을 보지 못한 할아버지가 눈앞에 나타나는 것 같았습니다. 할아버지의 행동을 마음으로 이해할 수 있었습니다.

아버지께서 할아버지에 관해 이야기한 것을 종합해서 전하겠습니다.

공산군들이 시골 동네로 들어오자마자 제일 못사는 사람, 머슴살이하는 사람을 뽑아 완장을 채워 주고 공산주의에 대해 교육하고 일을 시켰습니다. 공산주의가 무엇인지도 모르지만 시키는 일이니깐 어쩔 수 없이 했습니다. 마음 한편으로는 헐벗고 굶주리며 살아왔는데 먹을 것을 공평하게 나눠 준다니 얼마나 혹했을까요. 그 당시 마지막 선비인 할아버지는 이런 인간의 본질에 대해 꿰뚫어 보셨습니다. 고전이라고 하는 《주역》, 《논어》, 《대학》, 《소학》의 학문을 일찍이 읽고 깨친 할아버지는 사람을 볼 수 있는 혜안을 이미 가지고 계셨습니다.

그들이 인간의 본능에, 살기 위해, 단순히 심부름한 것을 알기에 할아버지는 그들을 감싸 주었던 것이고요.

　이렇게 사람을 통찰하는 고전을 읽음으로써 사람을 바라보는 시야가 넓어지고 그들을 이해하는 마음과 인식의 폭이 넓어졌습니다. 사람이 다른 사람과 어울려 살아가는 가장 기본은 그들의 삶을 이해하는 데 있습니다. 다름과 차이를 구별할 줄 알아야 합니다. 다른 사람의 삶을 이해하고 포용해 주는 마음을 키우고 싶다면 고전을 읽어야 합니다.

　동양의 고전 《논어》는 '사람이 어떻게 살아야 하는가?' 하는 것을 공자가 고뇌한 내용입니다. 수메르의 《길가메시 서사시》는 '어떻게 살아야 하는가?'를 길가메시가 모험을 통해 깨달아 가는 책입니다. 위대한 성현들이 평생을 고뇌한 생각을 우리는 한 권의 책으로 얻을 수 있습니다. 이렇게 고전은 사람을 이해하는 인식의 폭을 넓혀 줍니다.

　고 이병철 삼성 회장님과 현대 정주영 회장님은 인문고전으로 교육받으시고 평생 인문고전을 배우셨다고 합니다. 이병철 회장님은 자서전에 모든 경영 비법은 《논어》로부터 나온다고 하실 정도였습니다.[10] 기업체를 운영하기 위해서는 사람을 보는 눈이 우선입니다. 이분들이 세계적인 기업가로 성공하셨던 이유 중 하나는 고전으로 사람들을 통찰하는 능력이 높았기 때문입니다.

부모가 먼저 고전을 읽고 아이에게도 고전을 권하여 읽게 하십시오. 서로를 이해하게 됩니다. 부모는 아이의 마음을 이해하게 되고, 아이는 부모의 마음을 이해하게 됩니다. 아이를 키우는 과정 중 제일 힘든 시기는 아이의 사춘기입니다. 고전을 읽고 서로를 이해하게 된다면, 사춘기가 오더라도 부모와 아이는 서로를 믿으며 변화의 과정을 감사하게 맞이합니다.

또한, 고전으로 아이는 다름을 이해하게 됩니다.

5

고전으로 상상력을 키워라

고전은 상상력의 보고

휴무일, 텔레비전으로 애니메이션을 보고 있었습니다. 일본에서 두 번이나 애니메이션화 된 유명한 〈강철의 연금술사〉였습니다. 중세의 연금술을 새롭게 해석한 내용으로 인간이 연금술로 물건을 마음대로 바꾸고 생성하는 기술이 나옵니다. 대신 인간을 만들어 내는 것은 금기로 주어집니다.

주인공 에드워드 엘릭과 알폰스 엘릭 형제는 죽은 엄마를 되살리기 위해 금지된 인체 연성을 합니다. 금기를 어기면 대가가 따르는 법, 에드워드는 왼쪽 다리와 오른쪽 팔을, 알폰스는 몸 전체를 잃어버립니다. 에드워드는 없어지는 동생의 영혼을 붙잡아 갑옷에 붙입니다. 이 두 아이는 자신의 몸을 찾기 위해 '현자의 돌'이라는 것을 찾아 나섭니다.

여기까지 보았을 때는 그저 재미있는 애니메이션이라고만 느꼈습니다. 중반 이후를 넘어가자 저는 제 귀를 의심하지 않을 수 없었습니다. 이 단어를 듣고 나서는 애니메이션을 끝까지 봐야 했습니다. 악의 근원으로 '호문쿨루스homunculus'가 나왔습니다. '호문쿨루스'는 괴테가 60년 동안 쓴 《파우스트》에서 나오는 인조인간입니다. 원작과 같이 애니메이션에서도 비이커 속에서 인간에 의해 만들어집니다.

저는 '호문쿨루스'가 자신의 몸에서 인간의 욕망을 분리하여 만든 부하들을 보고 또 한 번 놀랐습니다. 러스트(lust색욕), 글러트니(gluttony폭식), 엔비(envy질투), 그리드(greed탐욕), 라스(wrath분노), 슬로스(sloth나태), 프라이드(pride교만). 이름과 특성이 가톨릭 교리의 인간 7대 죄악을 나타내고 있었습니다. 인간의 7대 죄악을 악한으로 등장시키며 그들이 등장할 때마다 이 죄악에 대해 고민하는 대사들이 쏟아집니다.

왜, 〈강철의 연금술사〉가 인기 있는지 알았습니다.

인생에 대한 미련과 가톨릭에서 말하는 인간의 기본 죄악에 대해 독자들과 같이 고민합니다. 생각할 거리를 독자들에게 힘껏 던집니다. 작가는 만화와 에니메이션을 통해 내용을 쉽게 독자들에게 전달합니다. 독자들은 자신도 모르게 작가의 의도에 따라 인간의 삶과 죄에 대해 생각하고, 자기도 모르게 마음속에 울림을 받은 독자들은 이 작품을 끝까지 봅니다. 작가가 고전을 읽지 않았다면 이야기 속에 인간의 고민을 녹여

넣을 수 없었습니다. 작가는 의도적이든 의도적이지 않든 고전의 깊은 힘을 사용했습니다. 이렇게 지적인 생각을 하게 하여 독자들로부터 인기를 얻었습니다.

또 다른 예를 들겠습니다.

〈롬Rome〉이라는 미국 HBO 방송사에서 만든 미국 드라마입니다. 카이사르가 루비콘강을 건너는 BC 52년부터 BC 27년 아우구스투스Augustus의 원수정 성립까지의 로마의 상황을 그린 드라마입니다. 이 드라마는 왕과 귀족 대신 로마의 민중, 소시민을 중심으로 이야기를 끌어갑니다. 새로운 시도 때문에 인기가 높았습니다. 로마시대 모습을 세세하게 묘사하고 있어 보고 있으면 마치 로마시대에 온 것 같이 빠져듭니다. 백인대장 루키우스 보레누스Lucius Vorenus와 티투스 풀로Titus Pullo가 주인공입니다.

시오노 나나미의 《로마인 이야기》를 읽은 지 얼마 되지 않았던 때라 더욱 재미있게 시청했습니다. 이게 고전이랑 무슨 상관이 있냐고 물으실 겁니다. 저도 카이사르에 대해 전문적으로 알기 전에는 몰랐습니다. 카이사르는 앞서 설명했듯이 전장에 있으면서도 독서하고 책을 썼습니다. 그중에 설명한 《갈리아 전기》를 써서 자신의 전과를 로마에 알렸고 젊은이들에게 인기를 얻었습니다. 이 책을 통하여 로마를 떠나 있으면서도 로마에 영향력을 끼쳤습니다.

카이사르에 대해 자세히 알려고 《갈리아 전기》를 읽었을 때였습니다. 몰입하여 한창 읽고 있는데 낯익은 이름인 루키우스 보레누스와 티투스 폴로가 나왔습니다. 둘은 실제로 카이사르의 부하이며, 용맹한 백인대장이었습니다. 카이사르의 최측근 부하로서, 카이사르와 같이 갈리아 원정을 처음부터 끝까지 했습니다.

미국 드라마 작가들은 카이사르의 《갈리아 전기》를 읽고 루키우스 보레누스, 티투스 폴로를 상상했습니다. '만약에 루키우스 보레누스와 티투스 폴로가 카이사르를 보좌했다면 어떻게 했을까?' '카이사르가 루비콘강을 건너 로마에 입성했을 때 그들은 어떻게 하고 있었을까?' 하는 상상력으로 〈롬〉이라는 대작을 만들어 냈습니다.

마지막으로 또 다른 예를 들겠습니다.

〈이퀄리브리엄〉이라는 영화가 있습니다. 2003년 개봉작입니다. 작품 배경은 극도로 전체주의화 되어 개인의 감정이 통제되고 있는 사회입니다. 3차 대전 이후 21세기 초, 지구 '리브리아'라는 세계는 '총사령관'이라 불리는 독재자의 통치 아래에 있습니다. 그는 전 국민에게 '프로지움'이라는 약물을 정기적으로 투약함으로써 국민에게 어떤 감정도 느끼지 못하게 합니다. 총사령관은 사회를 위해 개인의 감정은 필요 없다고 합니다. 주인공 존 프레스턴은 '프로지움'의 투약을 거부하고 인간의 다양한 감정들을 느끼며 살아가는 이들을 제거했습니다. 그는 책, 예술, 음악 등에 관련된 모든 금지자료를 색출하는 임무를 맡고 있었는데, 주변 동료의 자살, 아내의 숙청 등으로 인해 괴로운 감정에 휩싸이고 맙니다. 결국 '프로지움'의 투약을 중단하면서 서서히 통제됐던 감정을 경험합니다. 끝부분에 가서 그는 총사령관을 제거하기로 마음먹고 적들과 싸움 끝에 정부의 근거지에 갑니다. 그곳에서 총사령관이 허상이라는 사실을 알게 됩니다. 최후의 싸움 끝에 주인공은 모든 정부 기관을 폭파합니다.

무언가 겹치는 것 같지 않습니까?

소설 《1984》의 세계관을 가져왔습니다. 전체주의화된 사회 총사령관인 빅 브러더를 연상시킵니다. 이런 예는 이 영화를 떠나 다양합니다.

위의 예에서 설명했듯이 고전은 상상력의 원천입니다.

이야기 속에 다른 이야기를 붙이고 인물을 끌어오고 세계관을 이용합니다. 지금 시대에는 새로운 것이 없습니다. 모방 속에서 창조가 나옵니다. 고전의 내용과 다른 내용을 붙여 융합하고 창조합니다.

또한, 고전은 해석의 여지가 많습니다. 하나의 이야기에도 다양한 분석이 나옵니다. 너와 내가 하나의 이야기를 두고 달리 생각할 수 있습니다. 생각의 갈래가 퍼져 상상력의 보고 이자 용광로가 됩니다.

창의력과 상상력의 시대입니다. 남과 달리 생각할 수 있는 상상력과 창의력을 키워 주기 위해서는 고전을 읽어야 합니다. 고전이라는 상상력이 기초 토대가 됩니다. 우리는 이 위에 또 다른 상상의 탑을 쌓아 갑니다. 탑을 쌓기 위해서는 기초가 되는 기단을 튼튼하게 세워야 합니다. 고전이 그 상상력의 기단입니다.

6

고전, 어려운 것은 덮고
읽기 쉬운 것부터 읽어라

읽기 어려운 고전은 포기하세요

지금까지 고전의 효과를 설명했습니다. 그럼, 아이들에게 어떻게, 어떤 고전을 읽혀야 할까요?

일단 쉬운 고전부터 읽혀야 합니다.

고전에 대한 이런 말이 있습니다.

'고전은 읽어야 한다고 생각하지만 읽기 어려운 책이다.'

독서에 취미가 있기 전에는 이 말을 믿었습니다. 그러나 책을 많이 읽다 보니 알게 되었습니다. 고전은 읽기 어렵다는 생각을 하게 되는 원인은, 남들에게 보여 주고 자랑하기 위해 고전을 읽을 때 생기는 현상이라는 것을요. 이해는 못 해도 칸트의 《순수이성비판》을 들고 다니며 나는 이런 거 읽었어, 너희하고 다른 사람이야 하고 책을 수단으로 활용할 때 해당하는 말이란 것을요.

서양 고전 중에 《파우스트》와 《신곡》이 있습니다. 《파우스트》와 《신곡》에 대한 서평을 보면 '인생을 깨쳤느니.', '신에 대한 존경심을 느꼈다느니.' 하는 서평이 주를 이룹니다. 저자도 이 책이 '세상을 통달하고 신을 느낄 수 있는 책이다'라는 믿음에 의기양양하게 읽기 시작했습니다.

　　오랜 시간이 걸려 읽기를 완수했지만, 서평과 달리 아무런 감명을 받지 못했습니다. 심지어 이야기가 어떻게 흘러가는지조차 파악도 못 했습니다. 읽은 것이 아니라 글자만 본 것이 되었습니다. 난해하여 이야기의 흐름을 따라가기도 어려웠습니다. 도저히 책이 읽히지 않아 결국 줄을 쳐가면서 소리 내어 읽었습니다.

　　심지어 읽는 동안 내가 왜 이 책을 읽어야 하는지 의문도 들었습니다. 책을 찢어 버리고 싶은 마음을 참고 끝까지 읽었습니다. 끝장을 덮고 인터넷에서 줄거리를 찾아 읽고 나서야 '아, 이게 그 이야기였구나.' 하고 이해할 수 있었습니다. 후유증이 심했습니다. '아직 나는 책을 읽는 공력이 안 되었구나.' 하는 자괴감에 빠졌습니다.

　　이런 증상이 나만 있는 것이 아니라는 것을 《그 많던 싱아는 누가 다 먹었을까》를 읽고 알았습니다. 《그 많던 싱아는 누가 다 먹었을까》는 박완서 작가가 쓴 자전적 소설입니다. 작가답게 어릴 적 책을 좋아했던 내용이 소설 속에 나오는데 박완서 자신도 《파우스트》와 《신곡》을 읽기 어려웠다는 고백을 합니다. 다음은 《그 많던 싱아는 누가 다 먹었을까?》에 나오는 내용입니다.

"《파우스트》이나 《신곡》은 그런 맹목적 사명감이 아니었더라면 난해해서 도저히 읽을 수가 없었습니다. 그러나 억지로 읽은 걸 결코 잘했다고 생각하지는 않습니다. 무슨 뜻인지 이해도 못 하고 읽었지만, 하여튼 읽긴 읽었다고 생각했기 때문에 다시는 안 읽었습니다. 누가 그런 책을 좋아한다고 하면 정말 알고 그럴까? 열등감 반 의심 반으로 받아들였습니다."

박완서 작가의 글을 읽고 내가 비정상이 아니라는 것을 알았습니다. 내가 읽기 어려워하던 《파우스트》나 《신곡》은 박완서 같은 대작가도 이해를 못하는 고전이었습니다. 박완서 작가의 고백같이 가슴에 와닿지 않고 뜻이 이해가 안 가는 고전을 읽는다는 것이 부질없다는 사실을 깨달았습니다. 이후부터는 고전을 읽더라도 난해한 고전은 읽지 않았습니다. 읽다가 어려우면 책을 과감히 덮었습니다.

아이에게 권할 때는 쉽고 재미있는 고전으로

서점에 가보면 초등학교 아이들에게 《논어》와 《명심보감》

을 읽히고 나서 아이들이 변한 사례를 들어 고전의 효과에 관해 이야기하는 책이 있습니다. 또 이런 경험을 바탕으로 《논어》와 《명심보감》과 같은 고전교육을 집에서 해 보라고 권하는 책도 있습니다.

쉬운 고전을 읽는 것은 추천합니다. 한문이 들어가고 아이들이 흡수하기 어려운 《논어》와 《명심보감》, 《사자소학》 같은 고전을 집에서 아이들에게 읽히는 것은 절대 추천하지 않습니다.

《논어》는 되풀이해서 읽고 그 뜻을 음미하고 씹어 먹을 수 있는 마흔이 되어서야 속뜻을 알 수 있습니다. 비록 아이들이 읽고 느낄 수 있다고 하나 일부분일 뿐입니다. 《논어》와 《사자소학》, 《명심보감》 등의 교육은 학교교육에서나 가능합니다. 학교는 기본적으로 배움의 공간이고, 아이들도 당연히 이것을 인정하기 때문입니다.

그런데 집은 어떻습니까? 집은 쉬는 공간입니다. 학교에서 배워야 할 걸 집에 가져오면 아이는 학습의 연장으로 느낍니다. 가뜩이나 학원에 다니는 것도 힘든데 뭔지도 모르는 한문을 보면서 공부를 해야 하니 스트레스가 쌓입니다. 아이의 독서교육에 악영향을 끼칩니다.

필자도 두 아이가 3학년, 4학년 때 《논어》를 두 구절, 세 구절씩 읽게 했습니다. 두 아이 모두 스트레스를 받았지만,

큰아이는 아빠 눈치를 보고 참고 따라왔습니다. 터진 것은 아내였습니다. 스트레스를 받는 둘째를 보다 못해 아내가 그만두라고 했습니다. 이혼 안 당한 게 다행이었습니다.

아내와 아이와의 원만한 관계를 유지하려면 고전교육이 좋다는 말에 혹해 《논어》, 《사자소학》 같은 한문으로 구성된 어려운 고전을 집에서 읽게 하지 마십시오. 간곡히 빕니다. 대신 읽기 쉬운 고전을 아이에게 권하십시오. 재미도 있고 아이 독서교육도 잡고, 고전을 읽는 목적인 생각의 깊이를 깊게 만들어 줄 책을 읽게 하십시오. 그러면 아이가 스트레스를 받지 않고 항상 웃습니다. 부수적으로 아이와 싸울 일도 없습니다.

고전은 앞서 설명했듯 인간의 삶에 대한 고찰이 있는 것들을 말합니다. 현대 고전은 읽기 쉬운 소설들이 많습니다. 읽기 쉽다는 것이지, 결코 가벼운 내용은 아닙니다. 내용에는 깊은 뜻이 들어가 있습니다.

아이들이 읽기 쉬운 고전으로는 찰스 디킨스의 《크리스마스 캐럴》, 생텍쥐페리의 《어린 왕자》, 조지 오웰의 《동물농장》, 톨스토이의 《사람은 무엇으로 사는가?》 같은 것들이 있습니다. 위 소설들은 초등학교 3학년이나 4학년 때 부모가 같이 읽거나 추천해 줘도 부담 없는 좋은 책들입니다. 더 나아가 황순원의 《소나기》, 현진건의 《운수 좋은 날》, 이효석의 《메밀꽃 필 무렵》 같은 우리나라 현대 단편소설을 읽히는 것도 좋습니다.

어려운 것만이 고전이 아닙니다. 쉬운 것부터 아이에게 권하십시오. 내가 읽고 짜증 나는 것을 아이에게 권하는 것은 아이에게 자기주도학습을 하지 말라는 신호와 같습니다. 이해 안 되는 어려운 책을 고전이라는 이유로, 반드시 읽어야 한다고 억지로 읽게 하면 고학년이 되거나 성인이 되었을 때 책을 멀리하게 됩니다.

프랑스 소설가 다니엘 페낙Daniel Pennac이 《소설처럼》이라는 책에서 주장하는 독자의 10가지 권리10 inalienable rights of the reader를 소개합니다.

❶ 책을 안 읽을 권리The right to not read

❷ 중간중간 건너뛰며 읽을 권리The right to skip pages

❸ 끝까지 안 읽을 권리The right to not finish a book

❹ 또 읽을 권리The right to reread

❺ 아무거나 읽을 권리The right to read anything

❻ 보바리즘에 빠질 권리The right to 'bovaryism,' a textually transmitted disease.(《보바리 부인》에 나오는 주인공의 심리 상태를 묘사하여 자신의 꿈과 현실을 소설 속의 여주인공과 동일시하는 현상).

❼ 아무 곳에서나 읽을 권리 The right to read anywhere

❽ 마음에 드는 내용만 골라서 읽을 권리 The right to sample

and steal ('grappiller').

❾ 큰 소리로 읽을 권리 The right to read outloud.

❿ 책에 대해서 아무 말도 하지 않을 권리 The right to be silent.

❶ ❷ ❸번을 보시면 책을 안 읽을 권리, 책을 읽다 말아도 되는 권리, 끝까지 안 읽을 권리가 있습니다. 부모가 아이들에게 배려할 수 있는 작은 권리입니다. 교육을 목적으로 아이들에게 작은 권리를 뺏는 것은 가혹합니다.

큰아들이 초등학교 4학년 때였습니다. 한적한 주말, 소파에 누워 아무 생각 없이 텔레비전을 보고 있었습니다. 큰아들이 와서 이런 말을 했습니다.

"아빠, 공산주의의 반대말이 민주주의야?"

갑자기 심도 있는 질문이 훅 들어왔습니다. 잠시 정신을 추스르고 답했습니다.

"서로 틀리는 건데, 공산주의 반대는 자본주의이고, 민주주의 반대는 전체주의하고 독재국가가 있지."

그러자 아이는 고개를 끄덕였습니다.

'왜, 우리 아이가 사회체제에 관해 물어볼까?' 하고 생각해 보니 며칠 전 조지 오웰의 《동물농장》을 아이에게 추천해 주었던 생각이 났습니다. 공산주의에 대해 조지 오웰이 풍자

형식으로 쓴 소설인데 얇고, 읽기 쉬워 아들에게 권했었습니다. 아들은 스스로 읽고 지식의 폭을 확장했습니다. 자기주도 학습의 습관화, 독서가 재밌다는 교육, 고전을 읽고 생각의 깊이를 깊게 만들어 생각의 근육을 키워 주는 일석삼조의 효과를 보았습니다. 어리다고 생각한 아이와 깊이 있는 대화를 해본 경험이었습니다.

다시 말하지만, 고전이라고 해서 무조건 어려운 책만 있는 것이 아닙니다. 인간의 삶에 대해 통찰하고 사람들에게 세대, 시대, 공간을 떠나 끊임없이 사랑받는 책도 있습니다. 《논어》와 《명심보감》, 《사자소학》 등 한문이 있거나 난해한 고전을 집에 들여와 가정불화를 만들지 마십시오. 간혹 부모가 집에서 고전교육에 성공했다는 사례가 나옵니다. 이런 사례는 아이를 집에서 혼자 원어민 수준으로 영어를 가르쳤다고 하는 것과 같이 특이한 사례입니다.

앞의 예처럼 쉬운 고전을 찾아 아이와 같이 읽고 책의 주제에 관해 이야기하면 됩니다. 같이 읽고 잊지 못할 문장은 하나하나 음미합니다.

그럼, 발도르프 교육의 목표인 '나는 누구인가?' '다른 사람들과 나의 관계는 무엇인가?', '삶의 의미는 무엇인가?'에 대해 깨닫게 됩니다.[11] 발도르프에 보내지 않아도 집에서 발도르프 교육이 됩니다. 쉬운 고전으로 아이의 삶의 기준을 만들어 주십시오.

고전은 원전으로 읽어야 본연의 힘을 느껴요

'고전을 보면 어려운 책들이 많은데 어려운 책은 아예 읽히지 말라는 이야기인가요?' 하며 물을 수 있습니다. 아닙니다. 읽히긴 읽혀야 합니다. 그리고 고전은 되도록 원전으로 읽어야 합니다. '뭐야 어떻게 하라는 거야.' 하고 다시 물을 겁니다.

먼저 '왜 원전으로 읽어야 하는 이유'를 우리 시대의 최고의 지성인 고 이어령 교수님의 말씀으로 대신하겠습니다.

"나는 어린이들에게 고전 다이제스트 판을 읽히는 것은 권하고 싶지 않아요. 모차르트는 네다섯 살 때 피아노 교향곡을 치고 작곡도 하고 그랬어요. 천재는 따로 있는 게 아니라 조기 독서교육을 시키면 됩니다. 아이들은 유치한 내용만이 아니라 고급 정보도 소화할 수 있어요. 내용이 어려우면 상상하게 됩니다. 나는 내가 지닌 독창성과 상상력의 원천은 어려운 책들을 읽으면서 모르는 부분을 끊임없이 메우려는 것에서부터 생겨났다고 봅니다."

말씀처럼 다이제스트 판으로 읽으면 원전의 깊이 있는 사색을 못 합니다. 겉에 보이는 줄거리만을 읽습니다. '나 이것 읽었다'라는 식의 자랑하기 위한 독서를 합니다. 이에 반해 어려운 고전을 읽을 때 먼저 쉬운 다이제스트 판을 읽고 원전을 읽는 요령이 있습니다. 이런 독서법은 반드시 원전을 읽는다는 조건이 붙어야 합니다. 원전을 읽기 전까지는 해당 고전을 읽은 것이 아니라는 것을 명심하십시오.

다음으로 어려운 고전은 읽히지 말아야 하는가에 대한 답을 하겠습니다.

어려운 고전을 읽히지 말라는 것이 아닙니다. 아이가 받아들일 때까지 기다립니다. 자기주도적인 독서가 자리 잡히기 전에 어려운 책을 읽으라고 하면, 거부감만 들고 독서습관에 안 좋은 영향을 줍니다. 사춘기 이전에는 이야기 형식의 고전을 추천합니다. 독서에 취미가 들었다면 중학교, 고등학교 때 읽지 말라 해도 고전을 찾아 읽습니다. 사춘기 때 인생에 대해 얼마나 많이 고민했는지 생각해 보십시오. 독서를 많이 한 학생은 이 해답을 얻기 위해 고전을 더 열심히 봅니다.

마지막 당부는 인문고전을 읽었다고 아이에게 한꺼번에 많은 변화가 생기지 않으니 조급해하지 말라는 겁니다. 한 권, 한 권 읽을 때마다 조금씩 변화가 생깁니다. 생각의 시간이 많아집니다. 어휘력 상승으로 교과서를 이해하는 능력이 올라갑니다. 선생님의 설명이 흘러가는 주변 소리처럼 들렸다가 정확한 의미로 다가오면서 문해력이 높아져 성적이 오릅니다. 생각도 깊어져 예의 바른 아이로 자랍니다. 독서 안목이 생겨 스스로 책을 고르고 읽기 시작합니다. 이것이 공부습관으로 바뀝니다. 친구들을 이해하는 능력도 생기고, 다름과 차이를 알게 되어 친구들의 흉을 보는 것이 줄어듭니다. 마음이 넓고 깊이 생각하는 아이로 변합니다.

8장
쓰기는 아이에게 줄 수 있는 최고의 선물

쓰기로 아이에게 마법의 지팡이를 선물하라

읽었으면 써야 해요

왜 글을 써야 할까요?

고전 전문가 고미숙 작가님은 이렇게까지 답하셨습니다.

"쓰기 위해서 읽는다."

작가님 말씀처럼 쓰는 것을 전제로 읽어야 하고 읽었으면 써야 합니다. 쓰기는 언어교육의 마지막 단계입니다. 쓰지 않으면 언어교육의 결실을 보지 못합니다. 우리는 글을 써야 합니다.

과거 글을 쓰는 것은 일부 특권층의 일이었습니다. 이집트에서는 쓰기를 역사의 순간을 기록하고 시간의 흐름을 정지시켜 사진처럼 기록하는 성스러운 일로 여겼습니다. 글 쓰는 일을 얼마나 중요하게 생각했는지는 이집트 파라오의 고왕조무덤에서 서기관 상像이 출토되는 것으로 알 수 있습니다. 이런 흐름은 지금까지 이어져 이집트 200파운드 화폐에 이집트

서기관 상이 그려져 있습니다. 성스러운 글쓰기가 이제는 일반인에게도 퍼졌습니다. 각종 보고서에서부터 블로그, 인스타그램, 페이스북, 이메일, 심지어 카톡 메시지까지 글을 쓰고 있습니다. 글을 쓰지 않으면 살 수 없는 환경이 됐습니다. 심지어 글을 못 쓰면 무능하다고까지 합니다.

이와 반대로 일부 사람들은 이미지 시대에 글은 필요 없다고 주장합니다. 지금은 유튜브에서 동영상으로 내가 원하는 정보를 찾는 것을 근거로 삼습니다.

이런 주장을 하는 분들은 글이 함축적인 의미를 담고 있다는 기초상식을 모르고 있습니다. 글은 짧은 문장으로 긴 대화의 뜻을 담을 수 있습니다. 심지어 한 문장, 한 글자로도 의미를 전달할 수 있습니다. 동영상은 처음부터 봐야 하지만 글은 목차를 보고 필요한 부분을 바로 찾아볼 수 있습니다. 유명 유튜버들은 영상을 촬영하기 전에 대본을 철저히 쓴다는 사실은 글쓰기의 중요성을 더욱 강조합니다.

리더가 되기 위해서는 글쓰기가 필수예요

세계의 리더들은 글쓰기 공부를 열심히 합니다. 대표적인 예가 하버드대학교입니다. 하버드대학교는 입학하자마자 글쓰기 강좌를 반드시 수강합니다. 입학부터 졸업까지 쓴 글의 양을 무게로 치면 50kg이 넘습니다.[1] 이렇게 지독하게 글쓰기를 가르치는 이유는 무엇일까요?

하버드대학교에서 글쓰기를 가르치는 낸시 소머스Nancy Sommers 교수는 하버드는 논리적으로 생각하는 인재를 양성하기 위해 글쓰기를 가르친다고 말합니다. 논리적 글을 쓰는 능력은 단순히 학습 효과를 뛰어넘어 능동적이고 논리적 사고를 지닌 사회인으로서의 덕목을 실현한다고 이어 말하고, 생각을 탄생시키는 논리적 글쓰기 능력은 학문의 내용에 국한되지 않고 사회 전 분야에 꼭 필요한 과제라고 강조합니다.[2]

서울대학교도 2017년도부터 신입생 성취도 평가에 글쓰기 평가를 추가했습니다. 이에 따라 2018년 2월 22일에는 글쓰기 지원 센터를 열었습니다. 2019년 신입생부터는 글쓰기 기초를 대학 글쓰기 1과 대학 글쓰기 2로 분리하였고 동시 또는 역으로 수강하는 것을 금지하였으며 단계적으로 수강하도록 강화했습니다.[3]

이제는 글쓰기가 필요 수단으로 반드시 배워야 할 것이 됐습니다.

글쓰기를 하면 어떤 점이 좋을까요?

쓰기가 주는 영향을 기능적, 교육적, 감정적, 3가지로 나눠봤습니다.

첫째, 기능적 영향입니다.

한마디로 요약하면 '내 뜻을 함축적으로 전달하고 반응을 끌어낸다'입니다. 회사에서는 명확한 지시와 답변이 필요합니다. 메모와 보고서, 이메일이 활용됩니다. 지금 같은 코로나 시기 재택근무자에게 잘못 전달된 지시는 엉뚱한 일을 하게 합니다.

자신의 의견과 뜻을 드러내는 것은 보고서입니다. 글을 못 쓰면 내 능력과 의견을 보여 줄 기회도 없습니다. 생산성을 최대한 올려야 하는데 보고서만 꾸미고 있으면 아휴, 생각만 해도 답답합니다.

학생들에게는 논술과 자소서 등 입시와 취업에 문제가 있습니다. 글을 못 쓰면 알고 있는 지식과 나를 효과적으로 보여 주지 못합니다. 글쓰기가 미래의 진로에 절대적 역할을 합니다.

둘째, 교육적 영향입니다.

글을 쓰는 것은 머릿속에 떠다니는 생각을 정리하는 행위입니다. 생각의 순서를 잡아야 글을 쓸 수 있습니다. 나의 주장을 전달하기 위해서는 다양한 융합적 사고를 해야 합니다.

논리적 글을 쓰면서 자신이 모르는 것을 알게 되어 메타인지가 향상됩니다.

글은 퇴고시 지우고 쓰기를 여러 번 합니다. 이런 실패와 도전을 겪으며 회복탄력성을 키웁니다. 글을 쓰는 행위만으로 논리력, 창의력, 융합적 사고력, 메타인지, 회복탄력성, 이 모든 것을 키울 수 있습니다.

셋째, 감정적 영향입니다.

글을 쓰는 행위는 또 하나의 표현기법입니다. 말과 몸으로 표현하는 것은 상대가 있어야 하지만 글은 혼자서도 표현할 수 있습니다. 자신의 불안하고 우울한 마음을 글로 표현합니다. 글을 쓰면 불안이 줄어듭니다. 이를 '정서 명명하기affect labeling'라고 합니다. 실제로 시험 보기 전에 불안한 마음을 글로 표현한 아이들이 그러지 않은 아이들보다 좋은 성적을 얻었습니다.[4] 《죽고 싶지만 떡볶이는 먹고 싶어》의 저자 백세희 작가는 우울증을 겪는 자신의 내용을 써서 베스트셀러가 되었습니다. 베스트셀러라는 것보다 우울증에 관한 어려움을 블로그에 글을 올리고 책을 썼다는 것이 중요합니다. 그녀가 강연하는 '세바시'를 보면서 그녀는 글을 씀으로 난치병인 우울증을 이겨 냈다는 사실을 알았습니다.

글쓰기를 배우는 것은 아이에게 마음의 치료법을 줍니다. 학업에 대한 스트레스, 미래에 대한 불안, 심지어 청소년 자살까지 막을 수 있습니다. 글쓰기의 가장 중요한 목적입니다.

쓰기는 마법의 지팡이로, 우리 아이들은 쓰기와 함께 판타지 주인공처럼 여행을 떠납니다. 한 줄 쓰기부터 세 줄 쓰기, 서평 쓰기를 지나 일기와 독후감까지 쓰면 아이는 자신만의 마법의 지팡이를 갖습니다. 해리포터가 운명의 마법 지팡이를 만나듯 여러분의 자녀들도 쓰기라는 운명의 지팡이를 만납니다.

오늘 아이와 함께하는 한 줄 쓰기로 같이 모험을 떠나면 어떨까요.

2

손으로 쓰다 보면 창의력과
상상력이 뿜어져 나온다

연필 바르게 쥐기

《공부습관 열 살 전에 끝내라》의 저자 가게야마 히데오 씨는 여기서 더 나아가 연필을 바로 잡는 법에 대해 강조합니다. 잘못된 연필 잡는 습관은 아이의 공부습관과 자세를 해칠 수 있기 때문입니다.

잘못된 연필 잡기는 손가락에 통증을 오게 하고 어깨를 긴장하게 합니다. 아이의 체력과 집중력은 금방 떨어집니다. 초등학교에 갓 입학한 아이에게 잘못된 공부 정서를 갖게 합니다. 한 번 형성된 잘못된 습관과 공부 정서는 바로 잡아 주기가 어렵습니다. 성인까지 이어질 수 있습니다. 아이의 자기주도학습은 요원해집니다.

일본 '아동 필기 방법 연구소' 소장인 다카시마 이사무 씨에 따르면, 초등학생 90%가 연필을 올바르게 쥐지 못한다고 합니다.[5] 이것이 일본만의 이야기일까요? 일본의 교육환경과 우리의 교육환경은 비슷하기 때문에 같다고 생각하시면 됩니다. 우리나라 초등 저학년의 경우는 국어 교과서의 글쓰기 방법을 배우기 전에 연필을 바르게 잡는 법을 익힙니다. 그런데 선생님은 혼자고 반 아이들은 30명입니다. 선생님이 아이를 일일이 봐줄 수 있을까요? 현실적으로 불가능합니다.[6]

부모의 역할이 중요합니다. 집에서 아이와 함께 학습하거나 그림을 그릴 때 연필 잡는 법을 가르쳐야 합니다. 연필을 잘 잡기 위해서는 손가락에 힘을 넣어야 합니다. 지속해서 연필 잡는 소근육을 강화해야 합니다. 젓가락 사용하는 방법을 가르치면 좋습니다. 젓가락질 할 때 사용하는 손가락 근육은 연필 잡을 때 사용하는 근육과 비슷하기 때문입니다. 젓가락 사용 교육도 만만치 않습니다. 벌써 머리가 지끈거리는 부모님도 있습니다. 그러나 아이와 함께하기에 좋은 시간이고 덤으로 바른 식사예절 교육을 할 수 있어 좋습니다. 대체로 젓가락질을 바르게 하는 아이들은 연필 잡기도 바르게 합니다.

교정을 하지만 어려워하는 아이도 있습니다.

이런 아이에게는 크레파스를 주거나 두꺼운 연필을 줍니다. 연필보다 훨씬 수월하게 느낍니다. 연필을 줄 때는 반드시 각진 연필을 주십시오. 각진 연필이 둥근 연필보다 잡기가 쉽기 때문입니다. 연필이 육각으로 생산되는 이유입니다.

주는 것에서 끝나지 않고 함께 선 긋기, 미로 찾기, 숫자

쓰기 등을 큰 종이에 합니다. 함께하며 손가락에 무언가를 잡고 하는 것이 재미있다는 경험을 줍니다. 공부가 아니라 놀이로 합니다. 미로를 알려 주어 미로도 만들어 보라 하십시오. 뭔가에 빠지기 좋아하는 아이는 미로도 잘 그립니다.

다음으로 아이들에게 연필을 줄 때는 2B~B 정도의 연필을 줍니다. 연필심이 단단하면 아이가 쓰기 어렵고 부드러우면 연필심이 잘 부러집니다. 아이가 연필을 자주 부러뜨리면 조금 더 단단한 HB연필로 바꿔 줍니다.[7]

선생님 말씀이 하늘같이 느껴지던 초등 2학년 때였습니다. 선생님은 샤프펜슬을 절대 쓰지 못하게 했습니다. 오로지 연필만을 고집하셨습니다. 그것도 HB연필만을요. 당시는 한 반에 50명이나 되는 아이들이 있었는데, 선생님은 일일이 아이들을 지도하면서 연필 잡는 법을 가르쳐 주셨습니다.

제 스승님처럼 아이들에게 샤프펜슬을 주지 마십시오. 아이들 독서교육을 할 때 편하다고 학습만화를 보여 주는 것과 같습니다. 샤프펜슬은 심이 얇습니다. 연필 쓰기가 훈련되지 않은 상태에서 쓰면 연필심이 자주 부러집니다. 아이는 글을 쓰는 것보다 샤프펜슬 심이 부러지는 것에 신경을 씁니다. 몸은 더 긴장합니다. 더욱 심각한 것은 심이 나오지 않을 때입니다. 샤프펜슬 분해 조립에 모든 신경을 씁니다. 공부는 딴전이 되고 연속된 집중의 시기를 놓칩니다. 이런 시간은 아이의 공부습관에 악영향을 끼칩니다.

　아이들은 샤프펜슬을 장난감을 여깁니다. 장난감을 가지고 놀면서 학습하는 것과 같습니다. 초등 4학년이나 5학년이 될 때까지는 샤프펜슬을 멀리하는 것이 좋습니다.

손글씨는 창의력을 키워 줘요

　워싱턴대학교의 버지니아 버닝어Virginia Berninger 심리학과 교수가 초등학교 4~9학년 학생 100명을 대상으로 손글씨에 대해 실험을 하였습니다. 아이들을 각각 동영상과 음성파일로 공부하는 그룹, 인쇄물로 읽으며 공부하는 그룹, 컴퓨터 등의 키보드를 사용하며 공부하는 그룹, 손글씨로 공부하는 그룹으로 나누어 같은 부분에 관해 공부하게 했습니다. 결과는 손글씨로 공부한 아이들의 성적이 가장 좋았습니다. 손글씨가 아닌 다른 방법으로 공부한 아이들은 학습능력이 떨어지거나 주의력 결핍, 과잉행동장애 등의 학습장애 비율이 2배 이상 높았습니다.[8]

　이와 비슷한 사례는 우리나라에도 있습니다.

　서울시 도봉구의 한신초등학교입니다. 국가 수준 학업성취도 평가에서 평균 이상의 학업성적을 자랑하는 '공부 잘하는 학교'입니다. 개교 후 40년 동안 이어져 왔습니다. 비법은 손글씨 쓰기 교육이라고 합니다. 손글씨 교육을 하니 아이들의 산만함이 줄고 인내심이 자랐으며 집중력이 높아져 학업성적 우수라는 결과를 가져왔다고 자랑합니다.[9]

이렇게 손글씨 쓰기는 아이들에게 여러 가지 좋은 효과를 줍니다. 정서적, 지능적, 기능적 효과가 큽니다. 앞서, 글씨 쓰기 자세와 연필 바르게 잡기를 강조한 것은 손글씨 쓰기에 대해 안 좋은 경험을 하지 않게 하기 위함이었습니다. 손글씨 쓰기가 좋은 것은 알지만, 힘이 들면 나쁜 기억으로 자리 잡아 글씨 쓰기를 멀리합니다. 나중에는 책상 앞에 앉는 것, 연필 잡는 것도 힘들어하고 결국에 가서는 공부하는 것을 안 좋게 기억합니다.

국내의 한 연구에서 아이들이 글쓰기를 어떻게 생각하는지 조사하였습니다. 만 5세 어린이 75명이 대상이었습니다. 75명의 어린이 중 70%가 글쓰기를 좋아했습니다. 30%는 글쓰기를 싫어했습니다. 이유는 쓰는 것이 신체적으로 힘들기 때문입니다.[10]

손글씨 쓰기를 할 때 아이가 힘들어하면 잠시 쉽니다. 앞의 예처럼 자세와 연필 잡는 것이 틀리지 않았다면 공부 정서에 무언가 문제가 있습니다. 아이가 싫은데 억지로 시켜서 안 좋은 기억을 주었을 수도 있습니다. 아이들은 부모가 원하는 것을 사랑으로 받아들여 내색하지 않고 억지로 하는 경우가 있습니다. 아이에게 여유를 주고, 잠시 쉬고 이유를 알고 가는 것도 중요합니다.

손글씨 쓰기의 장점을 정리해 보면 크게 3가지 효과로 나눌 수 있습니다. 《하루 3줄 초등 글쓰기의 기적》을 참고하였습니다.

첫째, 아이의 뇌를 발달시킵니다.

미국 인디애나대학교Indiana University 뇌신경학 연구팀이 아이들이 자판으로 글을 칠 때와 손으로 글을 쓸 때 MRI로 뇌를 촬영하였습니다. 자판을 칠 때는 극히 적은 부분의 뇌가 반응했습니다. 손으로 쓸 때는 고도의 논리적 사고를 하는 뇌 부분이 활성화되었습니다. 뇌의 시각 영역과 운동 영역이 기능적으로 연결되는 것도 보았습니다.

둘째로 학습에 도움이 됩니다.

미국 플로리다국제대학Florida International University의 로라 다인 하트Laura Dinehart 교수팀은 만 4세 어린이 1,000명의 손글씨를 4년간 관찰했습니다. 초등 2학년 때 손글씨가 익숙한 아이들은 언어와 수학 두 과목 평균이 B학점이 나왔습니다. 이에 반해 글씨를 잘 쓰지 못하는 아이들은 평균 C학점이 나왔습니다. 이 결과를 기재한 〈스테이트 임펙트State Impact〉 신문은 '더 나은 손글씨는 더 좋은 성적을 의미한다'라고 요약했습니다.

셋째, 창의성 발달에 도움이 됩니다.

글쓰기 자체가 뇌의 모든 활동을 끄집어 내는 행위입니다. 뇌의 다양한 영역들이 활성화되어 창의적인 사고가 일어납니다. 글쓰기는 단기기억을 장기기억으로 바꾸어 줍니다.[11]

이렇게 손글씨가 좋은 효과를 내는 이유는 무엇일까요?

서예를 할 때를 생각해 보면 됩니다. 서양과 달리 동양에서는 글쓰기도 하나의 예술적인 활동으로 인정합니다. 서예가는 붓으로 한 획을 그을 때 모든 신경을 씁니다. 한 획의 실수에 따라 전체적인 글의 기운이 틀려집니다. 획을 조금 더 뺄까? 아니면 앞서 넣어야 했는가? 후회가 들기도 합니다. 붓의 먹물은 화선지를 타고 흘러갑니다. 붓끝이 머무를 시간이 없습니다. 다음 글자를 쓸 때는 어떻습니까? 얼마를 띄어서 붓을 찍어야 조화를 이룰까? 이것과 별도로 또 문장의 내용도 신경써야 합니다. 뇌와 시각, 운동기능이 모두 활성화됩니다.

우리의 손글씨 쓰기도 마찬가지입니다.

글자를 줄에 맞춰 써야 합니다. 글자 크기가 일정해야 합니다. 단어의 띄는 공간은? 조금 더 글자를 몰아 써서 한 줄에 글자를 더 넣을까? 글의 내용을 창조하는 것과 함께 글자를 조합하고 배열하는 행위도 종합적인 창조 활동입니다. 뇌의 운동 영역, 시각적 영역만이 아니라 모든 영역을 총동원하는 행위입니다. 다양한 대근육과 소근육이 뇌의 명령에 유기적으로 움직입니다.

아이가 연필로 무언가를 쓴다면 가만히 지켜보십시오. 아이는 뇌의 우주 속으로 여행을 떠났습니다.

글씨를 바르게 써야 점수를 잘 받아요

글을 쓴다는 것은 누군가 내 글을 읽는다는 것을 전제하는 행위입니다.

누군가에게 내 글을 읽게 하려면 내용을 쉽고 재미있게 그리고 읽기 쉽게 쓰는 것도 중요하지만 기본적으로 글씨를 바르게 써야 합니다. 하지만 아이들은 위의 예처럼 쓰는 것을 힘들어해 글씨를 대충 쓰려 합니다.

이런 아이들에게는 '글은 남이 알게 써야 하고, 글을 바르게 쓰지 않으면 의사소통에 문제가 생긴다'라고 이야기해 줘야 합니다. 만일 남들이 내 글씨를 못 알아보면 어떤 일이 벌어지는지 다음과 같이 예를 들어 설명해 주십시오.

"초등 고학년이 되면 서술형 시험이 많아지는데 선생님이

답을 못 알아봐서 그냥 틀렸다고 하면 어떻게 하지? 그럼 OO
이는 좋겠어?"

"엄마, 아빠는 네가 노력을 했는데 글씨를 못 써서 틀렸다
는 것에 더 안타까워할 거야?"

필자의 둘째가 왼손잡이에다 악필입니다. 중학교 2학년
중간고사 수학시험에서 두 문제나 아는 것을 틀렸다고 안타까
워했습니다. 선생님이 못 알아본다고 그냥 틀렸다고 채점했답
니다. 이후부터는 글씨를 바르게 쓰려고 노력하는 모습이 보
였습니다. 당해봐야 압니다.

더하여 아이가 연필과 젓가락을 잡을 때는 되도록 오른손
으로 하게 하십시오, 제가 꼰대가 아니라 아이의 건강과 공부
습관을 위해서입니다. 세계 여러 나라는 글을 가로쓰기로 왼
쪽에서 오른쪽 쓰기를 합니다. 왼손으로 쓰다 보면 자기가 쓴
글을 지워 나가고 가리기 때문에 몸을 베베 꼬거나 노트를 수
직 방향으로 놓고 씁니다. 이러다 보니 체력이 금방 떨어지고
척추가 휘어 아이 건강에 안 좋습니다. 심하면 척추측만증을
불러옵니다.

왼손잡이 둘째의 공부하는 모습을 보면 바닥에서 공부하
거나 책상에서 하면 엉덩이를 들고 공부합니다. 바른 자세가
안 나오니 엉덩이를 들고 공부하는 것이 더 편한 것이지요.

이런 이유로 같은 시간을 공부한 형보다 더 피곤해합니다. 고치라고 어릴 때 이야기를 해 주었는데 자유로운 영혼으로 안 고친 자기가 고생하는 겁니다.

이제 우리는 글을 안 쓰면 안 되는 사회가 되었습니다. 글을 쓰기 위한 여러 가지 기구가 생겼습니다. 대학교를 졸업할 때까지는 손글씨가 중요하다는 사실을 알아야 합니다. 학교의 많은 평가가 서술형으로 바뀌었습니다. 일부 마이스터고는 자소서를 학생들이 2시간 동안 자필로 쓰게 합니다. 대학교의 에세이 시험은 어떻습니까? 글씨를 바르게 못 쓰면 평가자가 관심을 두지 않습니다.

컴퓨터에 밀려 사라져 버릴 것 같았던 바른 글씨가 이제 경쟁력이 됐습니다. 아이가 글씨를 배울 때 바르게 쓰는 법을 가르치는 것은 아이의 정서, 뇌 기능, 공부 정서, 미래의 경쟁력을 챙겨 주는 것입니다.

3

일기와 독후감은 한 줄 쓰기로 준비하라

독후감 숙제가 1학년 때부터

"내가 이걸 어떻게 써, 어떻게 쓰냐고!"

아이는 엉엉 울었습니다. 눈물이 펑펑 쏟아졌습니다. 엄마와 아빠 얼굴을 젖은 눈으로 쳐다보았습니다. 이런 형을 둘째는 멀뚱멀뚱 쳐다봅니다.

누구의 모습일까요?

필자의 큰아들이 바닥에 주저앉아 우는 모습입니다. 초등 1학년 여름방학 개학 3일 전 독후감 숙제 때문에 우는 모습입니다. '방학숙제는 어떻게 할 거야?' 하는 엄마의 말에 울음을 터트렸습니다.

초등 1학년 아이의 방학숙제에 독후감 숙제가 버젓이 있었습니다. 아이들이 과연 독후감 쓰는 법을 학교에서 배웠을까요? 아니, 가르치기나 했었을까? 하는 의문이 들었습니다.

초등 1학년 아이들은 고지식한 면이 있습니다. 그래서 숙제는 반드시 해야 한다는 마음이 가득했을 겁니다. 독후감 숙제가 얼마나 부담스러웠을까요? 이런 이유로 아이들이 '글쓰기를 본능적으로 싫어하고 두려움을 느끼게 되는구나!' 하는 생각이 들었습니다. 학교의 글쓰기 교육에 대한 불신을 몸으로 느꼈습니다.

아이의 글쓰기를 직접 가르치기로 했습니다.

한 줄 쓰기가 쓰기의 시작이에요

글의 실력을 높이려면 일단 한 줄이라도 써야 합니다. 그리고 꾸준해야 합니다. 이 두 가지가 기본원칙입니다.

무엇으로 아이가 쉽게 접하고 꾸준히 쓰게 할 수 있을까? 궁리한 것이 한 줄 감상 쓰기입니다. 책을 읽을 때마다 책장 마지막에 감상을 적습니다. 책장 한 면에 넓은 공간이 있어 쓰기도 좋습니다. 많이 요구하지도 않습니다. 한 줄로 간단하게 쓰면 끝입니다.

순서는 다음과 같습니다. 한 줄 쓰기에서 세줄 쓰기까지 같은 방법입니다. 다만 쓰는 양만 다릅니다.

'청개구리' 이야기를 예로 들겠습니다. 아이와 같이 책을 다 읽고 아이에게 내용을 정리해서 말해 보라고 합니다. 아이는 처음에는 '몰라'라고만 합니다. 대부분 이렇게 말을 합니다. 생각을 정리해서 말하는 연습을 안 해봤기 때문에 '몰라'라고 말하는 것이 당연합니다. 답답해하면 안 됩니다. 이해해야 합니다. 한 줄 쓰기를 하면서 아이는 점차 달라집니다.

말하기 부분에서 배운 방법처럼 대화를 끌어냅니다. 아이가 전체적으로 정리하는 것을 어려워하면 이야기 한 부분씩 부모가 이야기해 주며 아이의 말을 끌어냅니다. 처음에는 아이가 힘들어하니 한 부분만 적게 하는 것도 방법입니다.

"청개구리가 엄마 말을 안 들었을 때 엄마 청개구리는 마음이 어땠을까?"

이렇게 한 부분만 질문합니다. 그럼 아이는, "마음이 아팠을 거야." 하고 답합니다. 엉뚱한 답을 하는 아이도 있습니다. 남자아이들이 특히요. 저희 아이들이 그랬습니다. 이때 혼내지 말고 그냥 받아 주고 그에 따라 정리해서 적게 합니다. 글쓰기는 마음의 표현입니다. 자기가 느끼는 대로 적어야 하는데 부모가 정해 주면 글은 형식적으로 적는 것으로 알게 됩니다. 그리고 아이의 창의성을 죽입니다. 그냥 아이가 원하는 방향으로 적게 해 주세요.

아이의 말을 엄마가 정리해 줍니다.

"청개구리가 엄마 말을 안 들었을 때, 엄마 청개구리는 마음이 아팠을 것 같다."

아이에게 소리 내며 천천히 한 줄 적게 합니다. 다 쓰면 한번 읽어 보게 합니다. 마지막으로 날짜와 이름을 적습니다. 엄마는 아이를 칭찬해 줍니다.

다음 날 또 읽으면 밑의 공간에 다른 이야기를 적습니다. 엄마가 묻습니다.

"왜 청개구리 엄마가 모래밭에 묻어 달라고 했을까?"

아이는 말로 설명을 합니다. 아직 말을 못 하면 '~하지 않을까?' 하고 물음으로 대답을 끌어냅니다.

"청개구리가 엄마 말을 거꾸로 해서 그래. 모래사장에 묻어 달라고 하면 밭에 묻어 줄지 알고 한 거지."

엄마는 아이가 말을 잘 요약해서 적게만 합니다. 이게 전부입니다. 하루에 한 번만 합니다. 학원을 보내고 따로 공부 시간을 잡아서 할 필요도 없습니다. 다음 날 또 읽으면, 다른 물음을 던집니다.

"엄마 묘가 떠내려가는 것을 본 청개구리 마음이 어땠을까?" 하고요.

어느 순간 보면 아이가 책의 내용도 정리 잘하고 요약도 잘합니다. 글의 실력이 늘었다는 것을 자신도 느낍니다. 쌓인 글들을 보고 아이도 자랑스러워합니다. 축적의 힘을 느낍니다.

아이가 한 줄 쓰기에 자신감이 붙으면 세 줄 정도로 쓰게 합니다. 한 줄 쓰기를 하다 보면 할 말이 많아져 시키지 않아도 저절로 여러 줄을 씁니다. 세 줄 쓰기에서 한 줄은 글의 요약, 한 줄은 느낀 점, 한 줄은 내가 어떻게 해야 하겠다는 결심을 적게 합니다. 이때도 반드시 날짜를 적습니다. 잘하는 아이들은 스스로 더 씁니다.

목차 쓰기

상급 학년에 올라가면 글밥이 많아집니다. 아이의 책도 두꺼워집니다. 하루 만에 책읽기가 버거워집니다. 이때는 목차 하나가 끝날 때마다 책의 윗부분이나 아랫부분의 공간에 내용요약이나 느낀 점을 적게 하는 목차 쓰기를 시작합니다. 책을 반론한 내용도 적습니다. 한 줄 쓰기로 훈련되었다면 어려워하지 않습니다. 부모와 함께 내용을 정리하고 요점정리 하는 법이 몸에 체득이 되었으니까요. 제 아이들도 한 줄 쓰기에서 이미 길게 써 버릇해서 쓰는 데 문제없었습니다.

서평 쓰기

목차 쓰기까지 완성되면 서평 쓰기로 넘어갑니다. 서평 쓰기는 독후감 쓰기 전 단계로 생각하면 됩니다. 독후감보다 접근하기 좋은 이유는 분량에 대한 부담이 없고, 숙제가 아니고 나만의 글이기 때문에 아이들에게 가르치기가 쉽습니다.

쓰는 공간과 시간은 한 줄 쓰기와 같습니다. 책장의 마지막 장에 부담 없이 씁니다. 서평을 쓰면 아이에게 용돈을 조금씩 주는 것도 괜찮습니다. 쓰는 법은 뒤에 나오는 독후감과 거의 같습니다.

퇴고는 반드시 해야 해요

한 줄 쓰기에서 세 줄 쓰기를 지나 목차 쓰기와 서평 쓰기 교육을 할 때 꼭 지켜야 할 것이 있습니다. 퇴고입니다.

반드시 퇴고하는 법을 가르쳐야 합니다.

아이에게 퇴고하는 방법을 가르치는 순서는 다음과 같습니다.

❶ 한 줄을 쓰더라도 아이가 소리 내어 읽게 합니다.
❷ 말이 걸리는 부분을 찾습니다. 책 뒷부분의 퇴고 상세 내용을 보고 부모가 가르칩니다. 문법을 모른다고 걱정할 필요 없습니다. 술술 읽히지 않는 부분은 잘못 쓴 것이므로 이런 부분은 말처럼 나오게 고치면 됩니다.
❸ 이상하거나 틀린 부분은 지우개로 지우지 말고 줄만 긋고 다시 쓰게 합니다. 너무 엄격하게 대하면 아이가

힘들어 합니다. 자칫 글 쓰는 것에 거부감을 느낄 수도 있습니다.

❹ 고친 글은 아이가 읽어 보고 마무리 하게 합니다. 아이가 지쳐 보이면 부모님이 고쳐 주고 아이와 함께 읽어 본 후 마무리합니다.

아이는 토시 하나 단어 하나로 글이 달라지는 것을 보고 신기해합니다. 둘째에게 반복되는 문장을 수정해 주고 읽게 하니 자신의 실력에 깜짝 놀라 하는 모습이 기억에 생생합니다. 함께 쓰는 시간은 15분 이상을 넘기지 않습니다. 글쓰기가 교육의 시간으로 인식 되면 아이는 글을 쓰는 것에 반감을 품게 됩니다. 힘들어 할 때 부모가 함께 수정하고 읽어 주는 것이 제일 중요합니다.

축적의 시간

목차 쓰기와 서평 쓰기는 아이가 어릴 때 습관을 들이면 좋습니다. 이 방법은 책의 내용을 장기간 기억하는데 좋은 방법입니다. 목차 쓰기와 서평 쓰기는 내용의 요점정리로 상급 학년에서 시험 요점정리에도 도움이 됩니다.

부모님들도 독서를 위해 배워 두면 좋습니다. 저도 지금 쓰는 방법입니다. 가끔 이런 말씀을 하시는 분도 있습니다.

"책을 읽을 때는 생각이 나는데 덮고 나면 생각이 안 나."

나만 그런 줄 아는데 다들 같은 현상을 경험합니다. 이걸 방지하는 것이 목차 쓰기와 줄긋기입니다.

책을 읽을 때 한 목차나 단락에서 중심이 되는 내용에 줄을 긋습니다. 목차의 마무리 부분 빈 곳에는 목차 요점정리를 한 줄에서 세 줄 정도 적습니다. 저자의 말이 틀린 것 같으면 틀린 이유를 적고 동의하면 동의 이유를 적습니다. 글을 쓰며 손으로 적었기 때문에 뇌가 한 번 더 인식하며 장기기억으로 남습니다.

마지막으로 책을 다 읽으면 바로 뒷장에 서평을 적습니다. 누구는 하루 있다가 적으라고 하는데 저는 바로 적습니다. 책을 읽고 난 후의 울림이 하루 이상 이어지지 않기 때문입니다. 이렇게 적어 놓은 것을 사진으로 찍어 나만의 밴드에 올립니다. 차후에 책 내용이 생각나지 않으면 밴드에서 서평의 내용을 찾으면 됩니다. 책의 내용과 내가 느꼈던 감정이 금방 머리에 떠오릅니다.

아이들의 글도 사진으로 찍어 아이들 블로그나 밴드에 올려 줍니다. 입학사정관제나 미래의 취업 방법은 그동안 이 사람이 관련 학과의 입학과 취업을 위해 얼마나 준비하고 어떤 생활을 했는가를 봅니다. 어렸을 때부터 독서와 글쓰기를 꾸준히 했다는 성실성을 평가관들에게 강조할 수 있습니다. 이것은 하루아침에 만들 수도 없고 몇 년 안에 만들 수도 없습니다. 축적의 시간만이 증명합니다.

《챌린지 노마드》의 작가 신재환 작가는 임용고시를 준비하다 정해진 길은 나의 길이 아니라며 인생의 길을 바꿨습니다. 그분은 3년 동안 책을 읽고 성공한 사람들을 만나 인터뷰를 했습니다. 그간의 시간을 블로그에 차곡차곡 정리했습니다. 취업 시 블로그에 정리된 자료를 여러 회사에 자료로 제출하자 광고, 경영, 홍보에 대한 정규교육을 받지 않은 작가에게 여러 회사가 합격 소식을 전했습니다.

이렇게 하루하루 쌓아 놓은 자료는 여러분 자녀에게 귀중한 자원입니다.

집은 놀이 장소예요

책에다 연필이나 볼펜으로 글을 쓴다고 하면 거부감을 느끼는 분들도 있습니다. 그들은 독서기입장을 사용하면 되지 않냐고 물으십니다. 저는 독서기입장을 반대합니다. 책이 도서관에서 빌려 온 것이라면 모를까 집의 책이라면 책에 쓰는 것이 당연하다고 생각합니다. 두 가지 이유가 있습니다.

첫째, 즉각적인 반응이 안 됩니다.

책을 읽고 바로 써야 하는데 독서기입장을 찾다보면 느낌이 다 사라집니다. 숙제처럼 느껴져서 하기 싫어집니다.

둘째, 집에서는 틀에 박힌 무언가를 하지 않으려 합니다.

저도 아이들에게 독서기입장에 느낌을 적으라고 해봤습니다. 처음 며칠은 잘 적습니다. 며칠 뒤면 독서기입장이 어디 있는지도 모릅니다. 이렇게 하기를 여러 번, 나중에는 그냥 책에 쓰라고 했습니다. 그러자 아이들이 잘 따라왔습니다. 준비물이 연필 하나만 있으면 됩니다. 틀린 글도 그냥 찍 긋고 씁니다. 아주 쉬웠습니다. 공부하는 것 같지도 않았습니다. 5분도 안 되어 끝났습니다.

선생님들이 아이들을 가르친 공부법을 써서 낸 책들이 있습니다. 부모들에게 이렇게 하면 된다고 소개합니다. 부모들이 앞다투어 사서 책을 따라하지만, 대부분 포기합니다. 부모와 아이 간에 싸우지 않으면 다행입니다. 이유는 무엇일까요?

제가 누누이 말씀드리지만 집은 쉬는 공간이고 학교는 공부의 공간이기 때문입니다. 선생님은 가르치는 사람이고 엄마는 놀아 주는 사람입니다. 공부하는 학교 공간에서 해야 하는 것을 쉬는 집에서 엄마와 하니 안 될 수밖에 없습니다. 집에서 가르치려면 아이가 최대한 부담 없도록 해야 합니다.

4

논술은 일기와 독후감으로 충분하다

논술 준비 방법

아이에게 글쓰기를 가르치는 이유는 아이의 창의력과 생각하는 힘, 논리력, 회복탄력성, 메타인지, 어휘력, 문해력 향상 등의 목적이 있습니다. 이것이 진정한 교육의 목적입니다. 하지만 부모님들의 가장 큰 걱정은 대입에서의 논술입니다. 2021년에는 상위권 36개 대학이 논술시험을 봤습니다.

아이가 못 하는 것보다 아이에게 못 해 주는 것이 더 미안한 것이 부모 마음입니다. 아이가 공부를 잘해 상위권 대학을 간다면 반드시 논술을 봐야 하는데 어떻게 준비할지 모르겠습니다. 감도 서지 않습니다. 학원에 보내야 할까? 지금의 학원비도 버겁습니다. 걱정입니다.

우리가 준비할 방법은 없을까요?
간단합니다. 일기와 학교에서 내주는 독후감 숙제와 교내 글쓰기 대회에 적극적으로 참가하는 것으로 준비합니다. 여기에 더해 지속적인 독서가 더해지면 논술은 문제가 없습니다. 나아가 글쓰기에도 자신감이 생깁니다.

논술을 준비하기 위해 먼저 논술이라는 것이 다른 글쓰기와 어떻게 다른가를 알아보겠습니다. 논술은 '근거 있는 주장 펼치기'라고 한마디로 정의할 수 있습니다. 즉, '어떤 문제에 숨어 있는 논쟁거리를 찾아 해결책을 제시하는 글'입니다.[12]

논술을 잘하기 위해서는 5가지 준비 사항이 있습니다.[13] 김래주 작가의 《아빠, 글쓰기 좀 가르쳐 주세요》를 참고하였습니다.

첫째, 문제의 이면을 바라보는 눈을 키우자.

사물을 바라볼 때 앞만 보지 말고 뒤도 볼 수 있는 눈을 키워야 하듯 문제의 배경과 이면을 볼 수 있는 눈을 키워야 합니다.

둘째, 상대의 입장이 되어 보자.

서로 간의 주장이 맞서면 상대의 입장이 되어 봅니다. 그러면 상대가 왜 이런 주장을 하는지 이해가 됩니다. 따라서 정확한 논리의 주장을 펼 수 있습니다.

셋째, 주장과 근거 찾기.

주장에 대한 이유와 근거를 넣으면 말에 대한 신뢰성이

생깁니다. 막연한 주장처럼 들리지 않습니다.

넷째, 독서.

다양한 글을 읽어 보면 상대의 입장과 주장 사례를 이해할 수 있는 눈이 생깁니다. 특히, 신문은 많은 도움이 됩니다. 예능 프로그램에서 신동엽 씨가 후배 개그맨들에게 신문을 많이 보라고 조언하는 것을 본 적이 있습니다. 후배 개그맨들이 단순히 자극적인 유머를 하는 것이 아니라 깊이 있는 유머를 지향하라고 조언한 거라고 필자는 생각합니다.

다양한 신문과 책을 보면 앞의 4가지 항목이 저절로 생깁니다. 이렇듯 독서는 논술의 가장 기본입니다. 축적의 시간이 필요한 항목입니다. 학원에 다닌다고 단순히 길러지는 것이 아닙니다.

다섯째, 표현력 기르기.

주장을 말로는 할 수 있는데 글로는 쓰지 못한다면 헛일입니다. 자주 글을 써서 상대가 쉽게 이해하고 받아들일 수 있도록 정확하게 주장을 펴야 합니다.

논술을 준비하려면 어떤 것을 해야 하는지 알았습니다. 이제 일기 쓰기와 독후감 쓰기를 하면서 논술을 준비하는 방법을 알아보겠습니다.

일기 쓰기는 다양한 글쓰기예요

초등 저학년, 일기 쓰기를 처음 배우는 아이들에게는 글의 소재 찾는 법을 먼저 가르쳐야 합니다. 하루의 기록이라고 하니 하루 전체를 기록해야 하는 거로 아이들은 이해합니다. 어떤 것을 써야 할지 막막해합니다. 소재 찾기를 어려워합니다. 이때 아이들에게 '그냥 일기 써.' 하는 것은 한글을 가르쳐 주지도 않고 이름을 쓰라는 것과 같습니다.

부모는 아이와 대화를 시작합니다. 하루 일을 물어봅니다. 아이는 하나하나 대답합니다. 엄마랑 밥 먹으면서 이야기했던 일, 산책하러 나갔던 일, 학교에서 오다가 친구를 만났던 일, 하루의 일 중에 가장 인상 깊었던 일 등에 대해 말합니다. 그중 한 부분 잘라 내어 쓰게 합니다.

이야기를 어떻게 구성할지 엄마랑 충분한 이야기를 합니다. 처음 일기를 쓰는 아이들에게는 이것이 매우 중요합니다. 구성이 어느 정도 잡혔다고 하면 이때 쓰게 합니다. 일기가 처음이라 맞춤법도 틀리고 철자도 틀립니다. 모르는 철자도 있습니다. 일기를 쓰는 이유는 문장의 구성에 있습니다. 맞춤법이 틀려도 그냥 쓰게 합니다. 철자를 모르면 빈칸에 동그라미를 그리고 우선 쓰게 합니다.

다 썼으면 아이에게 소리 내서 읽어 보게 하여 퇴고의 습관을 가르칩니다. 맘에 안 드는 부분이 많지만 한 번에 한 가지나 두 가지만 가르칩니다. 그것도 지우개로 지우지 말고 연필로 사선을 그은 다음 그냥 쓰게 합니다. 한 번에 되도록 한 가지만 가르쳐 주십시오. 중요한 것은 반드시 다시 읽어 보게 해서 아이가 변화된 글의 맛을 알게 해야 합니다. 고기도 먹어 봐야 안다고 맛을 느껴야 퇴고의 재미를 깨칩니다.

일기를 쓰는 시간은 언제가 좋을까요? 일기는 그날의 마지막이라고 해서 잠자기 전에 쓰는 분들도 있습니다. 만일, 이때 쓰면 엄마와 아이는 싸우기 바쁩니다. 학원 갔다오고 뛰어놀아 피곤한데 글을 쓰라고요. 아이는 글쓰기에 대해 안 좋은 기억을 하나 더 갖습니다. 그럼 언제가 좋을까요? 일기는 저녁 먹은 다음에 쓰는 것이 좋습니다. 시간도 넉넉하고 좋습니다. 서로 시간에 쫓기지 않아 여유롭게 쓸 수 있습니다.

일기를 지도할 때도 남자아이와 여자아이의 차이를 인정해야 합니다. 뇌에는 좌우뇌를 연결해 주는 뇌량이라는 통로가 있습니다. 여자아이는 이 통로가 넓어 좌우 뇌간의 소통이 원활합니다. 감정의 뇌는 우뇌, 언어의 뇌는 좌뇌에 있습니다. 따라서 뇌량의 통로가 넓은 여자아이는 감정을 수월하게 언어로 표현합니다. 이에 반해 남아는 감정을 표현하기 어려워합니다. 미국 노스캐롤라이나 대학 연구팀에 의하면 여자아이는 철자를 이해할 때도 양쪽 뇌를 사용하는데 남자는 주로 좌뇌만 이용한다고 합니다.

실생활에서 10살 된 남자아이들은 또래 여자아이들보다 일기 쓰기를 싫어합니다. 하루 중 어떤 일이 가장 인상 깊었는지 찾아내는 것과 그 일을 자신의 감정과 연관시키는 데도 어려워합니다. 예를 들어, 남자아이는 '오늘 친구들과 놀았는데 재미있었다'라는 식으로 간단히 씁니다. 엄마는 좀 더 구체적으로 쓰라 하지만 아이는 어찌할 줄 모릅니다. 남자아이에게 감정을 표현하라고 하는 것보다 '다음은 어떻게 할 건데?' 하고 물어야 합니다.[14] 여자아이의 일기장을 보고 남자아이보고 똑같이 쓰라고 하는 것은 아빠가 마트에서 정확하게 장을 보는 것과 같습니다. 남자와 여자의 차이를 인정하고 일기 쓰기를 지도해야 합니다.

초등 저학년 때의 일기는 상황이나 시점에 맞춰 쓰지만, 상급 학년이 되면 다양한 주제로 쓸 수 있습니다. 아이의 글 실력도 늘어 갑니다. 미술관에 갔다 와서 그림을 감상한 평을 쓸 수 있고, 영화 감상을 쓸 수 있고, 아빠나 엄마가 이야기해준 시사에 대해 혼자 고민해 볼 수 있습니다. 다양한 글쓰기 연습을 할 수 있습니다.

일기 쓰기가 논술 준비입니다. 시사 문제를 던져주면 생각하고 답을 달아 보는 것이 논술입니다. 《공부습관을 잡아주는 글쓰기》에서 송숙희 씨는 아이와 함께 하루 20분씩 저널을 써왔다고 합니다. 그녀는 저널 쓰기를 강조합니다. 일기 쓰기는 정확한 저널 쓰기는 아니지만, 아이에게 자기주장을 조리 있게 하는 생각하는 힘과 글을 가르쳐 줍니다. 하루 한 번의 일기 쓰기는 아이의 생각하는 힘을 키워 줍니다.

독후감 쓰기는 독서 논술의 준비예요

앞장의 예처럼 학교는 독후감 쓰기를 가르쳐 주지도 않고 써오라 합니다. 독후감 숙제는 어른들에게는 글에 대한 트라우마를 겪게 하고 아이들에게는 공포를 줍니다. 사람들이 글쓰기를 싫어하게 만드는 가장 큰 주범입니다.

그래도 우리는 독후감을 써야 합니다. 먼저 독후감을 쓰는 목적이 무엇인지 알아야 합니다. 독후감을 쓰는 목적은 무엇일까요? 책을 읽은 후 느끼는 감상을 적고 내가 읽은 책을 남에게 소개하는 것이 독후감입니다. 소감을 적어야 하는데 80%의 학생들은 줄거리만 씁니다.[15] 본연의 목적인 '감상'을 빼놓습니다. 그러면 어떻게 써야 독후감을 잘 쓸 수 있을까요?

다음의 주어진 6개의 문제에 하나하나 답을 넣으면 쉽게 해결됩니다.

첫째, 책을 읽게 된 동기.

둘째, 저자/책에 관한 내용.

셋째, 내용 요약.

넷째, 새롭게 알게 된 내용과 깨달은 점.

다섯째, 책에 대한 내 생각.

여섯째, 이 책이 나에게 미친 영향.

아이와 독후감을 쓸 때 이 질문을 순서대로 합니다.

예를 들어, 첫 번째 질문을 아이에게 합니다. 아이가 말을 조리 있게 말을 하면 바로 백지에 적습니다. 말이 어설프면 조리 있게 나올 때까지 부모가 다듬어 줍니다. 이렇게 문항마다 답을 쭉 적어 놓습니다. 나중에 이것을 연결하면 하나의 독후감이 됩니다. 만약 분량이 부족하면 넷째, 새롭게 알게 된 내용과 깨달은 점. 다섯째, 책에 대한 내 생각을 몇 가지 더 추가합니다. 서평은 이와 같은 방법으로 쓰지만, 분량과 양식에 상관없이 자유롭게 씁니다.

지금까지는 저학년 독후감 쓰기였습니다. 고학년은 방향만 조금 바꿉니다. 방법은 책에 나 자신을 투영합니다. 만약 《백범일지》에 대해 쓴다면 백범 김구가 살았더라면 어떤 일이 벌어졌을까? 지금의 시대에 김구가 있었더라면? 스스로 질문하고 답을 적습니다. 서평도 이 방식으로 씁니다. 스스로 하는 생각 연습, 독서 논술이 원하는 방향입니다.

이상 학교에서 하는 글쓰기 공부의 두 축 일기와 독후감에 대해 살펴보고 쓰는 법도 알아봤습니다. 쓰는 방법을 아는 것보다 써보는 것이 중요하고 독서를 통해 지식을 축적하는 것보다 통찰로 나아가는 것이 더 중요하다는 것을 명심하십시오!

5

오감 쓰기와 대사로 글에 생동감을 입혀라

설명하지 말고 보여 줘요

설명하지 말고 보여 줘라. 이것이 무슨 뜻일까요? 대상이 무엇을 하는지 서술로 이야기하지 말고 독자가 느끼게 하라는 것입니다. 이렇게 쓰기 위해서는 무엇이 필요할까요?

묘사라는 것이 필요합니다. 묘사는 글의 맛을 살려 주면서 흐름을 지배합니다. 이렇게 중요한 묘사를 설명하기 전에 먼저 서술이라는 것을 알아야 합니다. 먼저 서술에 관해 설명하겠습니다.

보통 일기를 쓸 때 시간의 흐름에 따라 글을 씁니다.
'아이가 울고 있었다. 다가가 아이에게 물었다.'
이렇게 사건의 흐름에 따라 차례대로 말하거나 적는 것을 서술이라 합니다. 처음으로 글을 배울 때 자연스럽게 사용하는 방법입니다. 설명의 의도가 드러나 쓴 사람이 무엇을 말하는가를 금방 알 수 있습니다. 하지만 무언가 밋밋하지 않습니까? 설명문이나 주제문이면 괜찮은데 기행문이나 일기, 영화나 그림, 음악 감상문에는 조금 부족합니다.

이때 글의 감정을 풍부하게 하는 묘사가 필요합니다. 사물의 모양이 어떠한지 그리는 것이 묘사입니다. 위의 예문을 묘사로 다시 표현해 보겠습니다.

'아이가 눈물을 펑펑 흘리며 엄마를 찾고 있었다. 다가가 아이의 손을 잡고 물었다.'

아이가 우는 모습을 그렸습니다. 운다고 설명한 것이 아닙니다. 그림을 그렸습니다. 독자는 머릿속으로 연상하며 아이가 울고 있다는 것을 인식합니다. 장면이 더욱 깊게 남습니다. 이런 것을 묘사라 합니다.

묘사는 글의 맛을 더욱 살려 주는 역할을 합니다. 글쓰기에서 묘사의 중요성을 아는 외국에서는 학생들에게 연습을 많이 시킵니다. 1951년작 《호밀밭의 파수꾼》이라는 고전에 나오는 내용입니다. 주인공 홀든 콜필드가 퇴학을 당하는데 동급생이 눈치도 없이 묘사 글을 써오는 숙제를 해달라고 부탁하는 장면이 나옵니다. 소설의 예로 등장할 정도이니 외국은 글쓰기 과제가 많고 그중에 묘사가 우선이라는 것을 간접적으로 알 수 있습니다.

오감 쓰기는 묘사를 풍부하게 해요

필자도 소설을 습작할 때 무언가 부족함을 느꼈습니다. 한 선배가 묘사를 잘해 보라고 조언을 해 주었습니다. 한 장면을 사진처럼 묘사했는데 소설가들처럼 맛있지 않았습니다. 어떻게 해야 글이 나아질까 고민했습니다. 고민 중에 소설가가 글을 쓰는 법에 관해 설명해 주는 프로를 보았습니다. 묘사를 오감으로 표현하라고 가르쳐 줬습니다.

'유레카! 아, 이것이구나!' 하고 감이 왔습니다. 작가가 말한 대로 쓰니 글의 맛이 살고 표현이 풍부해졌습니다. 그럼, 이 오감 쓰기가 무엇이고 어떻게 연습하면 될까요?

오감은 말 그대로 시각, 청각, 후각, 촉각, 미각을 말합니다. 하나의 장면을 다섯 감각으로 나눠서 표현합니다. 예를 들어 보겠습니다.

'친구가 나를 때렸다. 아팠다'를 오감으로 표현하겠습니다.

'친구가 나를 때렸다. 눈앞에 별이 반짝였다. 귀는 윙윙거리고 입안에는 약간의 피가 났다. 잠시 흙냄새가 나는 것 같으면서 볼이 후끈하며 부어올랐다.'

표현이 풍부해졌습니다. 맞은 친구의 아픔이 느껴집니다. 한 번에 5가지를 쓰지 않더라도 2가지, 3가지, 4가지 이렇게 표현을 넣어 봅니다. 퇴고할 때 글을 바꿔 보는 것도 좋지만 글을 쓸 때 미리 쓰는 것이 좋습니다. 바꾸는 양이 많기 때문입니다. 아이와 대화를 하며 글의 문맥을 잡을 때 미리 말로 표현을 해 보라고 하는 것도 좋습니다.

한 줄 쓰기를 할 때 오감 중 하나를 정해 적용해 보는 것도 좋은 방법입니다.

'청개구리가 엄마 말을 안 들었을 때, 엄마 청개구리는 마음이 아팠다'라는 한 줄 쓰기를 예로 들어 보겠습니다.

이 한 줄을,

'청개구리가 엄마 말을 안 들었을 때, 엄마 청개구리는 가슴에 구멍이 났다.'

'청개구리가 엄마 말을 안 들었을 때, 엄마 청개구리는 속상해 온몸이 차가웠다.'

'청개구리가 엄마 말을 안 들었을 때, 엄마 청개구리는 속상해 몸을 부르르 떨었다.'

'청개구리가 엄마 말을 안 들었을 때 엄마 청개구리는 눈앞이 캄캄했다.'

지난 설날 때였습니다. 제사를 지낸 후 사촌 형들이 자기 아이들에게 글 쓰는 법에 대해 가르쳐 달라고 했습니다. 한 가지만 가르쳐 줄 수 있는 짧은 시간, 저는 이때 오감 쓰기를 가르쳐 줬습니다. 이것만 바꿔도 글이 확 바뀌기 때문입니다.

조카들이 셋이나 되는데 다들 딸이고 초등 1학년이었습니다. 제가 조카들에게 말했습니다.

"엄마를 안아볼래."

다들 엄마를 안았습니다.

"엄마 냄새가 어때?"

조카들 셋이 다르게 말을 하기 시작했습니다. 이어서 조카들에게 물었습니다.

"엄마를 보면 어떤 느낌이야?"

"엄마를 안으니깐 어때? 따뜻해?"

"엄마의 가슴에 귀를 대봐 어떤 소리가 들려?"

"엄마의 맛은 어떤가, 한번 어렸을 때를 생각해봐?"

난리가 났습니다. 이것저것 서로 대답하고 엄마를 안아서 좋다고 했습니다. 아이들은 오감이라는 것을 알았고 몸으로 직접 느끼고 표현하는 것을 배웠습니다. 집에서도 한번 엄마를 안아보고 그 느낌을 오감으로 표현해 보라고 하십시오. 아니면 동생이나, 언니, 오빠를 안아보고 표현하라고 하십시오. 그리고 글로 써보라고 하십시오. 말로 배우는 것보다 몸으로 배우는 것이 더 훌륭한 교육입니다.

대사는 가독성과 집중성을 높이고 생동감을 불어넣어 줘요

다음으로 글의 재미를 살려 주는 것이 무엇일까요?

바로 대사입니다. 큰따옴표(" ")에 대사를 넣어 감정을 직접적으로 표현합니다. 글에 대사를 넣으면 가독성이 좋아지고 감정도 풍부해집니다. 아이들이 일기를 쓸 때에도 대사를 반드시 넣어 쓰라고 하십시오. 글의 양이 확 늘고 다양한 표현이 쏟아지면서 일기를 어렵지 않게 쓰게 됩니다.

지금은 웹소설이 출판 시장의 대세입니다. 정통 소설은 안 읽더라고 웹소설은 아이들이 읽습니다. 웹소설이 인기 있는 이유는 여러 가지가 있겠지만 그중에 가독성이라는 부분이 있습니다. 웹소설은 정통 소설과 달리 서술과 묘사가 적고 대부분 대사로 구성되어 있습니다. 배경 설명도 모두 대사로 합니다. 대사가 가독성과 집중성을 불러온다는 것을 웹소설이 증명합니다. 글을 쓸 때 대사를 쓰면 쉽고 빠르게 읽을 수 있고 글을 끝까지 읽게 합니다.

대화와 묘사, 서술은 문학을 구성하는 기본 문체입니다. 이 3가지 요소를 일기 쓸 때 잠깐 활용하는 것으로 어렵지 않게 배우고 익힐 수 있습니다. 아이와 함께 일기와 독후감 소재를 찾거나 구성할 때 반드시 '묘사는 오감으로, 대화는 꼭 넣는 것이다.' 하고 약속하십시오. 하나하나씩 써나가면 습관이 되고 저절로 글 실력이 향상됩니다.

6

퇴고를 통해 글을 배우고 완성하라

글을 다시 쓰는 퇴고의 과정

사람들이 글을 쓰기 힘들어하는 이유는 무엇일까요? 쓰긴 써야 하는데 엄두가 나지 않는 이유는 무엇일까요? 여러 이유 중 가장 큰 이유는 한 번에 잘 쓰려고 하기 때문입니다.

독서를 통해 글을 보는 실력은 높여 놨습니다. 그렇지 않더라도 글은 잘 써야 한다는 압박감이 가득합니다. 쓰고 싶은 열정은 가득하지만 써지지 않습니다. 한 줄 쓰다가 지우기를 여러 번, 결국 포기합니다.

하지만 방학숙제라 반드시 해야 합니다. 다시 마음을 가다듬고 어떻게든 씁니다. 힘든 고난의 과정을 거쳐 결국 완성합니다. 몸과 마음도 지쳐 있습니다. 두 번 다시 보고 싶지도 않습니다. 과제를 바로 제출합니다.

힘들게 썼지만 아무런 도움이 되지 않습니다. 내가 무얼 썼는지도 모릅니다. 과제물 평가 점수도 엉망입니다. 글쓰기에 안 좋은 추억 하나가 추가되었습니다.

　이런 습관을 바꾸는 방법은 없을까요? 글쓰기의 좋은 기억을 남기고 글의 완성도를 높이는 방법은 없을까요?

　물론, 있습니다. 우선 2가지만 알면 됩니다.

　첫째, 위대한 작품들은 한 번에 탄생하지 않았다.

　둘째, 위대한 작품은 퇴고를 통해 탄생했다.

　헤밍웨이가 말했습니다.

　"초고는 쓰레기다."

　헤밍웨이도 《노인과 바다》를 쓸 때 한 번에 쓰지 못했습니다. 쓰고, 읽고, 고치기를 수없이 반복했습니다. 반복하다 보니 문장과 글의 흐름이 바뀌고 전체적인 이야기가 바뀌었습니다. 초고와는 전혀 다른 글이 되었습니다. 쓰는 기간보다 퇴고 기간이 더 길었습니다. 이런 인내의 기간이 있었기에 지금도 고전으로 읽히고 있습니다.

　괴테의 《파우스트》도 마찬가지입니다. 집필 기간이 60년입니다. 단순히 쓰는 기간이었을까요? 완성도를 높이기 위해 치열하게 읽고, 고치기를 반복한 기간입니다.

　강도 높은 검을 만들기 위해서는 쇠를 두드리고 찬물에 담그는 담금질을 여러 번 해야 합니다. 글의 완성도를 위해서는 반드시 담금질 같은 퇴고가 필요합니다.

'처음에 쓰는 글은 부담 없이 쓰고, 퇴고를 통해 글을 완성한다'라는 규칙만 알고 쓰면 부담이 없어집니다. 아이들에게 한 번에 완성된 글이 나오는 것이 아니라는 것을 가르쳐 주십시오. 글은 퇴고를 거쳐야 진정된 글이 된다고 가르쳐야 합니다.

퇴고의 기본원칙만 지켜도 글이 완성돼요

그럼, 퇴고를 어떻게 하면 될까요?

기본 3가지와 상세 방법을 기억합니다. 상세방법은 글을 쓸 때도 도움이 되는 사항으로 외워 두시면 많은 참고가 됩니다.

우선, 퇴고의 기본원칙 4가지를 설명하겠습니다.

첫째, 초고의 90%만 남긴다.

《유혹하는 글쓰기》의 스티븐 킹이 처음 투고를 하고 출판사로부터 받은 메모에 적혀 있는 문장입니다. 스티븐 킹은 이것을 교훈으로 소설을 쓸 때 적용했습니다. 스티븐 킹을 대작가로 만든 기본규칙이 되었습니다.

초고의 양을 줄이면 글의 완성도가 높아지고 가독성이 좋아집니다. 필요 없는 사족을 빼버리고 글을 함축적으로 쓰게 합니다.

필자도 이 규칙을 적용하여 효과를 본 2가지 사례가 있습니다. 한 가지는 병영문학상에 〈칼과 송곳니〉라는 소설을 응모할 때였습니다. 힘들게 소설을 썼는데 응모 페이지 수가 25매에서 20매로 5매 줄어들었습니다. 줄이고 보니 소설에 쓰고 싶은 주제가 더 잘 드러나고 전달이 잘되었습니다. 2016년 병영문학상에 입선했습니다. 다른 사례는 2021년 공직 문학상에 〈비돌이의 꿈〉이라고 동화 부분에 응모할 때였습니다. 원래 써놓은 원고가 20매였습니다. 응모 요강은 15매였습니다. 이때도 5매를 줄였습니다. 결과는 국무총리상(금상)을 받았습니다.

지금은 글을 쓸 때 힘들게 쓴 거라고 남겨 두지 않고 단호하게 지워 버립니다.

둘째, 반드시 프린트해서 보라.

초등 저학년 아이들은 글을 쓸 때 보통 노트에 쓰기 때문에 상관없습니다. 하지만 고학년이 되면 PC로 숙제를 합니다. 부모님들도 글을 육필로 쓰는 것보다 키보드로 치기가 쉬워 PC를 선호합니다. 하지만 퇴고는 반드시 프린트해서 봐야 합니다.

이유는 2013년 5월 MBC에서 전자책과 종이책의 가독성에 대한 실험 결과가 말해 줍니다.[16] 인지능력이 비슷한 두 초등학생에게 같은 내용이 적힌 태블릿PC와 프린트물을 나눠주었습니다. 복잡한 문장에서 특정 단어를 찾아내는 것이 문제였습니다. 난이도별 테스트를 10번 반복했습니다.

프린트물로 푼 아이가 10번 중 8번이 빠르고, 오답률도 프린트물이 3분의 1이나 적었습니다. 전자책과 태블릿PC를 바꾸고 실험을 해도 비슷한 결과가 나왔습니다. 프린트물이 속도와 정확도에서 우수했습니다. 미국 닐슨 노먼 그룹도 연구했는데 결과는 같았습니다. 프린트물이 태블릿PC보다 가독성이 6%가량 높았습니다.

필자 역시 모니터로 여러 번 보고도 다시 프린트해서 보면 놓쳤던 부분이 보입니다. 더 중요한 것은 프린트해서 보면 전체적으로 볼 수 있습니다. 기승전결 전체의 흐름을 머릿속에서 구성하게 되어 더 높은 효과를 보게 됩니다. 그러니 퇴고는 반드시 프린트해서 보십시오.

셋째, 시간 간격을 두고 보라.

방법은 처음 쓰고 나서 보고, 쉬었다가 보고, 다시 또 봅니다. 그리고 삼자의 눈으로 보기 위해서 최소 하루 이상 던져 놨다가 봅니다. 사람의 확증편향성향 때문에 쓰고 나서 바로 보면 모든 것이 맞아 보입니다. 이때는 맞춤법이나 문맥이 바르지 않는 것만 봅니다.

톨스토이가 친구 집에 가서 친구를 기다리다 우연히 책을 읽었습니다. 읽고 나서 글에 대해 혹평을 하니깐 친구가 자네 책이라고 일깨워 주었습니다. 삼자의 눈으로 보니 글이 달리 보인 겁니다. 스티븐 킹은 3개월은 묵혀 두라고 합니다. 무언가에 계속 빠져 있다 보면 객관적인 시선으로 바라볼 수 없기 때문입니다.

넷째, 반드시 소리 내서 읽어 보라.

소리 내서 읽는 것이 어찌 보면 가장 중요합니다. 읽을 때 말하는 것처럼 술술 넘어가야 합니다. 만약, 중간에 걸리거나 하면 어딘가 잘못된 겁니다. 소리 내서 읽는 방법은 문맥이 원활하지 않은 것을 찾는 가장 좋은 방법입니다.

퇴고의 상세원칙으로 글의 완성도를 높여요

기본원칙은 이것으로 끝내고 상세원칙을 설명하겠습니다.

상세원칙은 글을 쓸 때와 퇴고할 때도 참고해야 합니다. 문법은 상세히 설명하지 않겠습니다. 이유는 글은 기본적으로 말로부터 시작하기 때문입니다. 우리말을 하기 위해 어려운 문법을 배우지는 않습니다. 말을 할 줄 알면 기본은 씁니다. 글을 쓰기 위해 문법을 어렵게 배우는 것은 불필요하다고 생각합니다. 다만, 여기서는 많이 실수하는 것들, 그리고 고치면 글이 더욱 좋아지는 요소만 설명하겠습니다. 필자가 많이 애용하는 방법입니다.

첫째, 짧게 써라.

가장 중요한 요소입니다. 한 문장에 한 가지 말만 전달합니다. 이걸 지키지 못하면 글이 복잡해지고 이해가 안 됩니다. 가독성도 떨어집니다. 한 문장에 한 가지 의미만 전달하고, 긴 문장은 2문장, 3문장으로 쪼갭니다. 이것은 '늘여 쓰지 말라'와 같습니다. '것입니다.'를 '겁니다' '하게 되었다'를 '하였다' 이렇게 짧게 씁니다.

둘째, 수동태를 쓰지 마라.

우리나라는 수동태가 없었습니다. 미국과 교역을 많이 하는 시기부터 문장에 수동태가 늘었습니다. 수동태는 미국 글쓰기에도 금지합니다. 글의 힘을 빼기 때문입니다. 스티븐 킹은 한 페이지 정도의 수동태로 된 문장을 읽으면 자기도 힘이 빠진다고 했습니다. 수동태로 된 문장은 반드시 능동태로 고쳐야 합니다.

셋째, 그리고, 그래서, 그러므로, 하지만, 접속사를 되도록 빼라.

글을 처음 쓰는 사람은 접속사가 많아집니다. 흐름이 끊길까 봐 연결하기 위해 씁니다. 하지만 빼보고 읽어 보면 읽어지는 경우도 많습니다. 빼서 읽어지면 과감히 지워 버립니다.

넷째, '을' '를' '이' '가' 등의 조사는 빼라. 특히 '의'는 더욱 줄여라.

조사를 빼면 더욱 가독성이 높아집니다. 글이 늘어지는 것을 막아 줍니다. '의'는 더욱 심각합니다. '의'는 일본어 조사 'の'와 비슷한 역할을 합니다. '의'가 많이 들어가면 문장이 어색해집니다. '의'의 남용은 일본 잔재입니다.

다섯째, 중복된 단어는 바꿔 줘라.

같은 단어를 여러 번 쓰는 경우가 있습니다. 한 문장이 아니라도 여러 번 쓰는데 이때는 다른 단어를 골라 주면 좋습니다.

여섯째, '많이' '아주' '매우' '예쁘다'를 상세하게 표현하라.

모호하게 표현하지 말고 상세하게 표현하면 글이 풍부해집니다. '많이 먹었다'를 '두 공기나 먹었다'로, '아주 심각하게'를 '얼굴이 벌게질 정도로 심각하게' 등으로 상세하게 표현하면 글이 더욱 감칠맛 나게 됩니다.

이 정도만으로도 아이들을 가르치고 글을 쓰는 데 문제 없습니다. 어른들도 문제 없습니다. 필자는 이런 습관을 고치기 위해 한글 워드 프로세서의 고치기 기능을 이용합니다. 키보드 상단에 있는 F8을 누르면 검토가 되면서 약간 수정을 가할 문장은 예시를 보여 줍니다. 그럼, 상세원칙을 생각해서 고칩니다. 이렇게 고치다 보면 저절로 바른 문장을 쓰는 법을 배웁니다. 필자도 이 방법으로 학습했습니다.

글은 썼으면 반드시 퇴고의 과정을 거쳐야 합니다. 이때가 글쓴이들이 제일 좋아합니다. 문장, 단어 하나를 바꾸었는데 글이 살아납니다. 신기합니다. 한 번 더 읽어 보고 다른 방향으로 바꿔 보니 글이 완성돼 갑니다. 퇴고는 글의 완성도를 높이고 가독성을 높이는 과정입니다. 퇴고하면서 글을 배웁니다. 필자도 누가 가르쳐 주지 않았지만 끊임없는 퇴고를 하면서 글을 배웠습니다.

글을 배우는 아이들에게 반드시 퇴고의 의미와 중요성을 가르쳐야 합니다. 퇴고는 또 다른 창작의 순간입니다. 용의 그림에 마지막 눈을 그리는 것과 같습니다. 퇴고를 어떻게 하느냐에 따라 내 글이 하늘로 승천할 용이 될지 이무기가 되어 땅으로 내려갈지 결정됩니다.

7

자기주장 글쓰기는 최종병기

자기주장 글쓰기를 배워야 해요

〈최종병기 그녀〉, 지금 30대 부모님들이라면 기억하실 겁니다. 2000년부터 일본에서 연재되고 2002년에는 애니메이션화, 2006년에는 실사화까지 한 유명 애니메이션입니다.

이야기는 간단합니다. 홋카이도 고등학생 슈지와 여자친구 치세는 익숙지 않은 연애를 하고 있었습니다. 데이트 중 알 수 없는 폭격을 당하는데, 이때 낯선 비행체가 날아와 폭격기를 제거합니다. 알고 보니 가녀린 몸에 쇠 날개와 강력한 무기를 장착하고 있는 여자친구 치세였습니다. 온몸에 상처를 입은 그녀, 그녀는 자신의 숨겨진 모습을 본 남자친구에게 말합니다.

"나 이런 몸이 되었어."

남자친구 슈지는 그런 그녀를 안아 줍니다. 이 장면을 기억하시는 분은 아직도 마음이 뭉클하실 겁니다.

사랑 이야기도 있지만 가녀린 앳된 얼굴의 소녀가 강력한 무기를 장착하고 있는 설정에 호기심을 끌어낸 이유도 있습니다.

이 이야기를 하는 것은 자기주장 글은 글쓰기의 최종병기로 이것을 가르쳐 주는 것은 마치 우리 아이들에게 글쓰기의 최종병기를 장착해 주는 것과 같기 때문입니다. 자기주장 글쓰기를 아이들이 배우면 아이들은 어떤 글쓰기의 어려움도 무찔러 내는 최종병기를 장착한 아이가 됩니다.

대부분의 글은 자기주장을 조리 있게 설명하는 거예요

글을 쓰는 이유는 여러 가지가 있습니다. 자신의 내면을 표현하거나(에세이), 어떤 물건이나 상황을 설명하거나(설명문, 기행문), 지나온 과정과 목표를 설명하기도 합니다(일기). 이야기를 쓰기도 합니다(소설). 이것뿐일까요?

가장 많이 사용하는 것은 자기 생각을 표현하는 자기주장입니다. 우리가 많이 듣는 강연을 보면 어떻게 하라고 알려 주는 것 같지만 그분이 이렇게 행동해야 한다고 결국, 주장하는 내용입니다. 논술시험은 어떻습니까? 자신의 의견, 즉 주장을 얼마나 이치에 맞게 설명하느냐입니다. 발표는 어떻고요? 면접은 어떻습니까?

주장을 펼치는 글만 쓸 줄 알면 생활 속의 글은 다 쓸 수 있습니다. 논술은 더욱더 문제없습니다. 글만 잘 쓰는 것뿐만 아니라, 말도 잘하게 됩니다. 지금 필자가 쓰고 있는 글도 주장하는 글입니다.

자기주장 글은 결론우선형, 열거형, 공감형 3가지가 있어요

자기주장을 펼쳐나가는 방법은 몇 가지가 있을까요?

다양한 방법이 있지만 크게 결론우선형과 열거형, 공감형 3가지로 나눌 수 있습니다. 순서대로 설명해야 하나 우선 열거형과, 공감형을 먼저 설명하겠습니다. 결론우선형은 최종병기로 마지막에 자세히 설명하겠습니다.

첫번째, 열거형입니다. 열거형은 독자가 스트레스 없이 읽을 때 사용하는 방식입니다.

다음과 같이 적용합니다.

**내용을 한 줄로 요약합니다. 몇 가지 사례를 든다고 먼저
표현합니다.**

'청개구리 엄마가 청개구리를 마마보이로 키우려고 한 3가
지 증거가 있습니다.'

열거 사례 1 예로 듭니다.

첫째, 엄마는 청개구리가 개굴개굴로 우는 것만을 강요했다.

열거 사례 2 예로 듭니다.

둘째, 엄마는 청개구리가 오라면 오고 가라면 가는 말 잘
듣는 것만을 원했다.

열거 사례 3 예로 듭니다.

셋째, 청개구리가 잠을 안 자는 이유를 물어보지도 않았다.

내용을 정리합니다.

청개구리 엄마는 개성이 없는, 엄마 말만 잘 듣는 로봇 같
은 청개구리를 원했다.

그냥 슬슬 앞에서부터 읽어오면 이해가 됩니다.
다음으로 공감형입니다.

공감형은 읽는 이로 하여금 공감대를 형성하게 하는 글쓰기입니다.

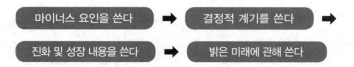

적용한 것은 다음과 같습니다.

마이너스 요인을 씁니다.

'나는 아들이 내 말을 잘 듣는 것이 좋은 것으로만 생각했다.'

결정적 계기를 씁니다.

'청개구리 엄마가 나와 같이 행동하고 화병으로 죽는 것을 보고 많은 생각을 했다.'

진화 및 성장 내용을 씁니다.

'아이의 개성을 인정하고 말을 안 들을 때 대화를 하려고 노력했다.'

밝은 미래에 관해 씁니다.

'아이를 이해하니 싸움도 많이 줄고 아이도 많이 웃는다.'

결론우선형은 OREO와 PREP 방식으로 써야 해요

　결론우선형은 설득력이 높은 글로 가장 많이 사용합니다. 강연과 연설에도 사용합니다. 인기강사 김미경 씨의 강연을 들어보면 결론우선형의 방법대로 이야기를 진행하며 결론 냅니다. 또한, 스마트기기에 중독되어 장문의 글을 읽기 싫어하는 사람들에게 내 글을 읽게 하려면 첫 문장과 마지막 문장에 강력한 결론을 위치시켜 이들의 시선을 집중시켜야 합니다. 만약 그렇지 못한다면 여러분이나 자녀가 하고 싶은 말을 시작하기도 전에 덮어 버립니다. 결론우선형 글쓰기는 현대 시대에 가장 알맞은 자기주장 글쓰기입니다.

　우선 쓰는 방법을 설명하겠습니다.

　송숙희 작가는 『150년 하버드의 글쓰기 비법』에서는 각 단계를 OREO로 설명합니다.

➡ Opinon(의견) 으로 표현합니다. 영어의 약자를 따서 OREO로 외워서 사용합니다.

보편적으로 사용하는 방식은 PREP입니다.

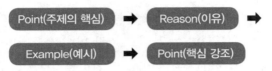

3가지 예가 단어만 틀릴 뿐 목적은 같습니다. 이중 쉬운 것을 선택하여 적용하면 좋습니다. 만약 면접을 본다면 약자를 외우고 있다가 이 순서대로 정리하여 대답합니다.

적용해 보겠습니다.

● 결론을 씁니다 [Opinon(의견), Point(주제의 핵심)]

'우리는 청개구리 엄마 같은 엄마가 되지 말아야 합니다.'

● 이유와 근거를 씁니다 [Reason(이유), Reason(이유)]

'왜냐하면, 청개구리 엄마는 아이의 다양성을 인정하지 않았습니다.'

● 구체적인 예, 상세 내용을 씁니다 [Example(증명), Example(예시)]

'오라면 오고 가라면 가게하고, 개굴개굴로만 울게하고, 늦게 자는 것에 대한 이유를 듣지도 않았다.'

● 정리합니다 [Opinon(의견), Point(핵심 강조)]

'청개구리 엄마와 청개구리처럼 불행한 엄마와 아들이 되지 않기 위해서는 아이의 다양성을 인정해야 합니다.'

실제로 적용하여 글을 쓰는 법을 단계별로 설명하겠습니다.

첫째, 한 줄로 요약해서 글의 설계도를 그려라.

각 단계별로 칸을 나눠 놓은 다음 위 예처럼 각 단계에 맞춰 한 줄로 요약해서 씁니다. 길게 쓸 수 있지만, 이때는 한 줄로 요약해서 씁니다. 아이와 아빠가 같이 요약해 보는 것도 좋습니다. 옮겨 쓸 때 살을 붙여 쓰면 됩니다. 이때 한 줄 쓰기로 다져진 실력이 나옵니다.

둘째, 사례사냥을 하라.

단계별로 어떻게 글을 쓸 것인가 설계가 완성되면 사례사냥[Example(증명, 예시)]에 들어갑니다. 예제는 3가지 정도 듭니다. 예제를 많이 들어도 좋으나 독자가 읽으려 하지 않을 가능성이 큽니다. 블로그를 볼 때 스크롤 압박이라는 단어를 생각하십시오. 전자기기에서도 읽기 싫은데 이걸 다 읽어야 한다니? 읽는 이가 지레 겁을 먹고 덮어 버립니다. 가장 적당한 것이 3가지입니다. 조사한 사례들을 중요성 순서대로 나열하고 가장 중요한 것을 첫 번째로 위치시킵니다. 가장 인상 깊게 느낀 것도 제일 앞입니다. 사례수집에서 제일 중요하게 생각해야 하는 것은 보편적으로 인정되고 믿을 만한 근거가 있는 사례를 들어야 합니다. 막연히 '누가 그랬다.' 하거나 근거가 없는 사례는 내 주장의 힘을 스스로 약화시킵니다.

셋째, 읽는 이의 수준에서 알기 쉽게 사례를 들어 비유하라.
땅의 면적을 표시할 때 '축구장의 몇 배, 여의도의 몇 배.' 하면 사람들이 인식하기 쉽습니다. 면적을 7,140㎡라고 표현하면 얼마나 넓은지 감이 없습니다. 이때 축구장 크기입니다. 하면 바로 알 수 있습니다. 더 확대해 보면 48.5%라는 수치도 1/2정도, 2명 중 1명이라고 하면 쉽게 와닿습니다. 또 읽는 이를 생각하여 적용할 수가 있습니다. 글을 읽는 이가 청소년이라면 축구에 비유하거나 BTS에 비유해서 예를 든다면 공감대가 형성되고 더 쉽게 이해할 수 있습니다.

넷째, 명확하게 짚어 주고 반복하라.
내가 쓰는 글은 자기주장을 하는 글입니다. 내가 무엇을 주장하는지 상대가 알지 못하고 이리저리 헤매면 의미가 없습니다. 글이 전체적으로 간결하지도 않습니다. 읽고 나서 '그래 말하고 싶은 게 뭐야?', '뭐 때문에 내가 이 글을 읽었지.' 하고 생각하게 하면 안 됩니다. '아! 이 사람이 이걸 주장하기 위해 이 글을 썼구나.' 하고 생각하게 해야 합니다. 내가 주장하는 것을 명확하게 짚어 줘야 합니다. 글쓰기 마지막에 ⬛ 정리 ⬛ 에서 명확하게 짚어 주는 것으로 내 주장을 반복합니다.

다섯째, 쉬운 말로 써라.

순서에 안 넣어도 되는 것이지만 강조하기 위해 넣었습니다. 글을 쓸 때는 무조건 쉽게 써야 합니다. 일부 사람들은 어려운 한자나 영어, 알기 어려운 단어들을 사용합니다. 이런 글들은 잘 쓴 글이 아닙니다. 이런 고정관념은 글쓰는 것을 어렵게 만듭니다. 글은 초등학생도 쉽게 읽을 수 있어야 합니다. 이런 목표로 쓴다면 글은 가독성이 높아지고 읽는 데에도 부담이 없습니다. 지금은 아이들의 어휘력과 문해력이 문제가 되는 시대입니다. 이때 어려운 단어를 사용하여 글을 쓴다면, 아이들은 무슨 말을 하는 건지 이해조차 하지 못합니다. 잠깐 보고 덮어 버리거나 아예 쳐다보지도 않습니다.

결론우선형 글쓰기는 아이가 배우는 최종병기이면서 부모님에게도 최종병기입니다. 회사에서 업무를 보거나 계획서를 쓸 때, 남에게 나의 뜻을 보여 줄 때 가장 좋은 방법입니다.

마지막으로 글을 쓰기 위한 설계도에 살을 붙여 글을 완성하겠습니다.

[Opinon(의견), Point(주제의 핵심)]

아이와 함께 책을 읽다가 청개구리의 엄마는 왜 죽어야 했을까? 하는 의문이 들었습니다. 생각의 결론은 우리가 생각하던 청개구리 엄마는 현명한 엄마가 아니라는 결론에 도달했습니다. <u>우리는 청개구리 엄마와 같은 엄마가 되지 말아야 합니다.</u> (주장)

이유와 근거를 씁니다 [Reason(이유), Reason(이유)]

왜냐하면, 청개구리 엄마는 아이의 다양성을 인정하지 않았습니다. 아이는 어떻게 클지 모르는 하늘이 준 꽃씨입니다. 씨를 뿌리고 물을 주고 이 씨앗이 꽃을 피울 때까지 보살펴 주는 것이 엄마입니다. 하지만 청개구리 엄마는 청개구리를 자신이 원하는 꽃으로 만들려고만 했습니다.

구체적인 예를 들어 상세 내용을 씁니다

[Example(증명), Example(예시)]

이렇게 생각하는 이유를 3가지로 설명하겠습니다.

첫째, 오라면 오고 가라면 가게 하는 욕심이었습니다.

아이는 놀다 보면 자기 의견을 표현합니다. 아이가 꼭 엄마 말대로 오라고 하면 오고 가라면 가야 할까요? 청개구리는 자신의 의견을 표현한 것뿐입니다. 놀고 싶은 것을 놀고 싶다고 표현한 것인데 청개구리 엄마는 이것을 말을 안 듣는다고 표현합니다.

둘째, '개굴개굴' 우는 연습입니다.

아이는 다양성을 가지고 있습니다. 어찌 보면 청개구리는 '개굴개굴' 울며 자기 소신껏 자기주장을 펼쳤습니다. 창의성을 나타냈습니다. 이런 현상은 특히 남자아이에게서 많이 나타납니다. 부모님을 웃고 재미있게 해 주려고요. 남과 조금 다르다고 청개구리를 나쁜 아이라고 단정지을 수 있을까요?

셋째, 늦게 잔다고 마냥 혼내기만 합니다.

아이가 늦게 자고 싶은 이유는 무엇일까요? 엄마와 함께 놀고 싶기 때문입니다. 엄마와 함께한 시간이 부족하니깐 더 놀고 싶은 거였습니다. 청개구리 엄마는 아이와 더 놀아 주거나 대화를 해야 했지만, 노력은 하지 않고 청개구리 탓만 했습니다.

정리합니다 [Opinon(의견), Point(핵심 강조)]

청개구리 엄마는 청개구리를 자신이 원하는 꽃으로 만들려고만 했지, 다양성은 인정하지 않았습니다. 얼마나 고집쟁이면 아이가 자기 말을 안 듣는다고 병까지 나고 죽으면서도 아이가 잘못한 것을 느끼게 한다고 거짓말까지 할까요? 청개구리 엄마는 비뚤어진 사랑을 하고 있었습니다. 결국, 죽어서까지 아이를 힘들게 했습니다. 지금 우리는 청개구리 엄마처럼 잘못된 사랑을 하는 것은 아닌가? 돌아봐야 합니다. <u>우리는 청개구리 엄마가 되지 말아야 합니다.</u> (주장)

　　아이에게 최종병기를 주었습니다. 아이가 '이렇게 글을 쓸 수 있냐'고 반문하실 수 있습니다. 초등학교 고학년이 될 때 가르쳐 주면 쓸 수 있습니다. 글을 쓰지 않더라도 어렸을 때부터 말하기로 연습하면 됩니다. 예를 들어, 아이랑 음식점에 갔을 때 먼저 아이에게 음식을 주문할 선택권을 주십시오. 이때 아빠는 피자를 시키고 싶다고 하면서 위의 예처럼 이유를 하나하나 설명하고 아이의 의견을 들어봅니다. 아이는 아빠를 따라하면서 같은 방식으로 말을 하게 됩니다.

　　최종병기, 결코 비싸거나 어려운 것이 아닙니다.

도전함으로써 아이는 성장한다

아이와 함께하는 새로운 추억

글을 쓴다는 것은 힘든 과정입니다. 하지만 아이와 함께한 책읽기와 글쓰기는 영원하고 행복한 추억입니다. 지금까지 여러분들은 아이와의 행복한 추억의 터널을 지나왔습니다.

아이가 글을 어느 정도 쓸 수 있다면 무엇을 해야 할까요?

저는 아이들과 함께 도전하라고 말씀드리고 싶습니다. 교내의 독후감 대회, 시 발표 대회, 편지쓰기 대회 등에 도전하고 나아가 시와 도, 전국대회에도 도전하기를 권합니다.

도전을 통하여 사람은 성장합니다. 학교시험도 평가이면서 하나의 도전입니다. 시험을 통하여 내가 어느 수준에 있는가를 알 수 있습니다. 생각 외의 성적이 나오면 성취감을 느낍니다. 아이와 부모는 한 발자국 앞으로 큰 발을 내딛습니다.

도전은 실패하더라도 다시 일어나게 하는 힘, 회복탄력성을 키워 줍니다.

글을 쓰는 것 자체도 계속된 실패와 성공의 반복입니다. 맘에 드는 문장과 구성을 만들기 위해 쓰고 지우기를 반복합니다. 작은 실패와 성공을 반복합니다. 실패하더라도, 맘에 상처를 받더라도 글을 쓴다는 것만으로 다시 일어날 수 있는 스프링을 가슴에 장착합니다. 이 스프링은 점차 커집니다.

도전에 따른 실패로 아이가 상심하면 어떻게 하냐고 물으실 수 있습니다.

지금부터 네가 어른이 되어가는 성장의 과정을 배우는 것이라고 아이에게 말해 주십시오. 백 명에서, 심하면 천 명에서 한 명을 뽑는 건데 어떻게 모든 사람이 합격할 수 있냐고 말입니다. 그리고 지금은 네가 우리와 함께 있으니 아빠와 엄마와 함께 가자고 하십시오. 아이는 가슴속에 부모의 사랑을 담아 놓습니다. '나를 믿어주는 영원한 내 편은 부모님이구나.' 하는 깊은 믿음이 생깁니다.

글과 말은 표현의 도구입니다. 말로 하는 대회는 많이 없지만, 글쓰는 대회는 많습니다. 대부분의 아이들은 '난 실력이 안 돼, 감히 내가 어떻게 해.' 하며 도전을 회피하려 합니다. 다들 그런 마음으로 시작합니다. 도전의 과정이 중요합니다. 실패하더라도 과정을 칭찬해 주세요. 아이는 실패와 성공의 경험을 통하여 성장합니다.

이렇게 간단한데 도전하지 않나요?

도전 방법은 간단합니다. 돈이 들지도 않습니다.

응모전 사이트를 보고 내가 도전하고픈 영역을 찾습니다. 처음 시작할 때는 독후감과 수필 부분에 응모하는 것이 좋습니다. 글이 짧아 잘못 썼다고 생각하면 전체적으로 다시 쓰기가 쉽습니다. 나와 관계된 영역이라 소재 찾기도 쉽습니다. 운영조직은 국가나 공공단체에서 하는 것이 좋습니다. 준비를 위해 과거 수상작을 5년 치 읽어봐야 하는데 자료가 많아 준비하기 좋기 때문입니다.

심사위원들도 전문가로 공정성도 확보되고 나의 실력을 정확히 알 수 있습니다. 응모할 대회를 선정하면 앞서 말한대로 5년이나 10년 동안의 대상작과 우수작을 뽑아 읽어봅니다. 읽다 보면 글의 패턴이 나의 것이 됩니다. 스스로 연습이 되고 배우게 됩니다. 제 경우는 다섯 번은 읽어봤습니다. 그리고 쓴 다음에는 퇴고합니다. 퇴고를 열 번, 스무 번, 소리 내서 하다 보면 글이 내 것이 되고 몸에 뱁니다.

여러분! 글을 언제 쓸까 하지 말고 쓸 일을 만드십시오. 라디오나 수필, 독후감 공모전에 도전해 보세요. 하다 보면 됩니다. 우수작들을 분석하는 것만으로 좋은 글을 만납니다. 뽑히면 상금도 들어옵니다. 아이와 함께 도전하고 성공 사례를 아이들에게 이야기합니다.

도스토옙스키, 셰익스피어, 모차르트, 베토벤 다들 위대한 작가이고 음악가입니다. 사람들이 잘 모르는 사실이 있습니다. 위대한 작품 뒤에는 우리들이 모르는 수많은 작품이 있다는 사실을요. 우리가 기억하는 작품은 그들이 만들어 낸 수많은 작품 중 하나입니다.

떨어졌더라도 우수작을 읽어보고 자신이 왜 떨어졌나? 아이와 함께 분석하며 성장합니다. 여러분, 배웠으면 써야 합니다. 글은 써야 향상됩니다. 도전으로 웹소설의 주인공이 각성하듯 어제와 다른 새로운 내가 되십시오.

마음을 위로하는 글쓰기

밤새도록 글을 썼습니다. 몇 시간 동안 썼는지도 모르겠습니다. 힘든 마음, 속상한 마음, 후회, 왜 나에게 이 일이 일어났을까? 신도 원망해 봅니다. 그래도 써 내려갔습니다.

그토록 좋아하던 책도 읽히지 않았습니다. 눈물이 나면

좋으련만 눈물도 나오지 않았습니다. 가슴만 먹먹할 뿐이었습니다. 형광등이 싫어 스탠드 켜고 작은 불빛에 의지해 글을 썼습니다. 힘든 고난의 시기에 저를 끝까지 지탱해 주었던 것은 글쓰기였습니다.

처음에는 일기로 시작했습니다. 하루라도 일기를 안 쓰면 마음이 안정되지 않았습니다. 그러다가 문득 책을 써야겠다는 생각이 들었습니다. '네가 무슨 책을 써.' 하며 나를 깎아내리는 마음도 있었지만 쓰지 않으면 마음이 흔들렸습니다. 일단 쓰기 시작했습니다. 하루에 한 장, 두 장씩 써온 것이 한 권의 책이 되었습니다.

글을 쓰다 보니 알게 되었습니다.
글은 마음의 상처를 씻어 준다는 것을요.
글을 쓰는 동안에는 모든 것이 잊힌다는 사실을요.
힘든 시기 만약 '나에게 글쓰기가 없었더라면 어떻게 했을까?' 하는 다행스러운 마음도 듭니다.
우리는 글쓰기로 하나의 호미를 갖게 되었습니다. 마음을 곱게 펴는 호미입니다.

쉼 없이 달려온 우리에게 글쓰기는 휴식을 줍니다. 처음에는 쓰기 힘들었지만 완성된 후의 글을 보면 가슴이 뿌듯함

니다. 사람에게 다친 여러분과 아이들의 마음을 곱게 펴줄 것
은 작은 글쓰기부터입니다. 아이에게 마음을 펴는 작은 호미
를 곱게 꾸며 가슴에 심어 주십시오.

나와 아이를 위한 '글쓰기 여행' 안내서

한 줄 쓰 기

- 동화책의 내용 정리, 인상적인 장면 묘사, 등장 인물의 마음 등을 짧게 말하게 해요.
- 아이의 대답을 이끌어 내요.
- 아이에게 정리한 것을 말로 하게 하고 소리 내서 쓰게 해요.
- 생각을 정리하고 훈련한다고 여겨요.
- 시간은 5분을 넘기지 말아요.

세 줄 쓰 기

- 요령은 한 줄 쓰기와 같아요.
- 한 줄 쓰기를 하다 보면 저절로 쓰는 양이 늘어나요.
- 한 줄은 글의 요약, 한 줄은 느낀 점, 한 줄은 나의 결심 등을 적어요.
- 중요한 것은 아이에게 말로 먼저 정리한 다음 쓰게 해요.

목 차 쓰 기

- 글밥이 많아지면 해요.
- 한 목차가 끝날 때 빈공간에 그냥 쓰게 해요.
- 목차의 주제, 중심 내용, 느낀 점을 적어요.
- 단편소설을 읽히고 써도 좋아요.
- 세 줄 정도면 충분해요.

서 평 쓰 기

- 읽은 책의 맨 마지막 장 빈공간에 쓰게 해요.
- 다음 날을 넘기지 말아요.
- 쓰는 방법은 독후감 쓰기와 같아요. 독후감 쓰기의 전 단계예요.
- 독후감보다는 자유로운 방식으로 쓰게 해요.
- 다섯 줄 이상을 쓰게 해요. 어려워하면 세 줄로 줄여 줘요.
- 독후감처럼 쓰는 법을 처음에는 가르쳐 줘야 해요.

독 후 감

- 서평 쓰기의 연장이에요.
- 서평에서 새롭게 알게 된 내용과 깨달은 점, 책에 대한 내 생각을 여러 개 넣으면 독후감이 돼요.

일 기

- 일상의 한 부분 쓸거리를 찾는 연습을 해요.
- 쓸 게 없으면 수업받은 내용을 쓰게 해요.

독 서 논 술

- 책에 나를 투영해요. 글쓰기 최고의 경지예요.
- 스스로 질문하고 답을 달아요.

- 빈공간에 쓰게 해요.

- 연필로만 쓰게 해요.

- 틀린 부분은 지우개로 지우지 말아요. 그냥 삭선을 긋고 옆에다 쓰게 해요. 글의 내용이 중요하므로 보기 안 좋아도 상관없어요.

- 쓰고 난 후에는 반드시 퇴고를 하게 해요. 퇴고는 부모가 가르쳐 주세요. 이때 한 군데만 지적하여 가르쳐 주세요. 여러 가지를 한 번에 가르쳐 줄 수 없으니, 한 줄에 한 번, 하나씩만 가르쳐 주면 돼요.

- 고칠 게 없으면 오감 쓰기로 하나를 바꿔보라고 하고 바뀐 부분만 다시 읽게 해요.

- 일주일에 한두 번 쓰게 해요.

- 퇴고 후에는 반드시 아이가 소리 내어 읽게 하여 바뀐 문장의 맛을 알게 해요.

- 아이가 어려워하거나 힘들어하면 한 줄 쓰기로 다시 연습해요.

- 반드시 날짜와 이름을 적게 해요.

- 반드시 디지털로 남겨 놓아요. 변화된 글 실력을 보면서 아이는 자신감을 갖게 되니까요.

※ 이 순서대로 하면 아이는 독후감을 알아서 쓰게 되요.

세상이 코로나로 인해 숨 가쁘게 변하고 있습니다. 팬데믹 전에는 빠르게 걸으면 따라갈 수 있던 것이 지금은 뛰어도 따라가기 힘듭니다. 숨이 찹니다. 팬데믹이 변화를 10년 앞당겨 왔습니다. 3년 사이에 정해져 있던 길이 사라지고 좁아졌습니다. 아빠, 엄마가 살았던 기존의 방식이 모두 깨졌습니다. 제가 하는 기술업무도 앞으로 1~2년이면 없어질 수 있습니다. 부모도 이런 상황인데 어떻게 아이에게 조언해 줄 수 있습니까?

성공한 이들의 책에서는 '하버드 공부법'을 추천하고 있었습니다. 하버드는 듣기, 말하기, 읽기, 쓰기의 수업시간이 전공 수업시간과 같습니다. 변화에 없어질 기술을 배우는 것보다 지식을 흡수하고 표현하는 기술, 세계의 리더가 되는 기술을 가르치고 있었습니다.

'이거구나!' 하는 생각이 들었습니다. 재미있는 건 그동안

제 아이들에게 해왔던 교육이 하버드에서 하는 교육이었습니다. 듣기, 말하기, 읽기, 쓰기 교육을 열심히 한다면 변혁의 시대에 우뚝 선 아이가 될 것입니다. 내가 배운 오늘의 기술이 다음 날 사라지는 시대에 평생을 사용할 수 있는 기술, 듣기, 말하기, 읽기, 쓰기를 아이에게 선물하십시오. 오늘부터 우리 아이는 하버드 키즈입니다.

참고서적

《기적을 만드는 엄마의 책공부》, 전안나, 가나출판사.
《나와 우리 아이를 살리는 회복탄력성》, 최성애, 해냄.
《하버드의 회복탄력성 수업》, 게일 가젤 지음 · 손현선 옮김, 현대지성.
《생각하는 부모가 생각하는 아이를 만든다》, 리사 손 지음, 21세기북스.
《공부머리 독서법》, 최승필 지음, 책구루.
《인생을 결정하는 초등 독서의 힘》, 김지원 지음, 북카라반.
《초등하루 한권 책밥 독서법》, 전안나 지음, 다산에듀.
《챌린지 노마드》, 신재환 지음, 황금부엉이.
《부의 추월차선》, 엠제이 드마코 지음 · 신소영 옮김, 토트출판사.
《갈리아 전기》, 가이우스 율리우스 카이사르 지음 · 박광순 옮김, 종합출판 범우.
《기적의 초등 독서법》, 오선균 지음, 황금부엉이.
《유혹하는 글쓰기》, 스티븐 킹 지음 · 김진준 옮김, 김영사.
《그 많던 싱아는 누가 다 먹었을까》, 박완서 지음, 웅진지식하우스.
《그 산이 정말 거기에 있었을까》, 박완서 지음, 웅진지식하우스.
《공부가 쉬워지는 초등 독서법》, 김민아 지음, 카시오페아.
《초등 1학년 공부, 책읽기가 전부다》, 송재환 지음, 예담friend.
《공부연결 독서법》, 황경희 지음, 예문.
《하루 3줄 초등 글쓰기의 기적》, 윤희솔 지음, 청림Life.
《우리 아이 진짜 글쓰기》, 오현선 지음, 이비락.
《하루 10분의 기적 초등 패턴 글쓰기, 남낙현 지음, 청림Life.
《아이를 위한 하루 한 줄 글쓰기》, 고정욱 지음, 와우라이프.
《초등공부, 독서로 시작해서 글쓰기로 끝내라》, 김성효 지음, 해냄.
《클라우스 슈밥의 4차 산업혁명》, 클라우스 슈밥 지음 · 송경진 옮김, 메가스터디북스.
《엄마와 아이를 바꾸는 기적의 글쓰기》, 이인환 지음, 미다스북스.
《한 문장도 어려워하던 아이가 글쓰기를 시작합니다》, 정재영 지음, 김영사.

《공부습관을 잡아주는 글쓰기》, 송숙희 지음, 교보문고.

《완벽한 공부법》, 고영성 · 신영준 지음, 로크미디어.

《발도르프 공부법 강의》, 르네 퀘리도 지음 · 김훈태 옮김, 유유.

《우리 아이의 읽기, 쓰기, 말하기》, 김보영 지음, 지식너머.

《완전학습 바이블》, 임작가 지음, 다산에듀.

《초등 글쓰기 비밀수업》, 권귀헌 지음, 서사원.

《하버드의 상위 1퍼센트의 비밀》, 정주영 지음, 한국경제신문사.

《하버드의 부모들은 어떻게 키웠을까》, 로널드 F. 퍼거슨, 타샤 로버트슨 지음 · 정미나 옮김, 웅진지식하우스

《아빠, 글쓰기 좀 가르쳐 주세요》, 김래주 지음, 북네스트.

《초등아이 언어능력》, 장재진 지음, 카시오페아.

《엄마의 말하기 연습》, 박재연 지음, 한빛라이프.

《아이의 마음을 여는 하브루타 대화법》, 정옥희 지음, 경향비피.

《육아 불변의 법칙》, 고희정 지음, EBS BOOKS.

《1984》, 조지 오웰 지음 · 정회성 옮김, 민음사.

《동물농장》, 조지 오웰 지음 · 도정일 옮김, 민음사.

《호밀밭의 파수꾼》, 제롬 데이비드 샐린저 지음 · 공경희 옮김, 민음사.

《150년 하버드의 글쓰기 비법》, 송숙희 지음, 유노북스.

《템플릿글쓰기》 야마구치 다쿠로 지음 · 한은미 옮김, 송숙희 감수, 토트.

《대통령의 글쓰기》 강원국 지음, 메디치.

참고문헌

1장

1. "G. S. Vetrov, Korolev And His Job, Appendix 2"
2. "Sputnik 1 – NSSDC ID: 1957–001B", 《NSSDC Master Catalog》, NASA
3. dongA.com, 〈미래학자 앨빈토플러 별세...'한국 학생들, 불필요 지식위해 하루 15시간 낭비'〉, 2016.6.30
4. 영남일보, 〈앨빈 토플러 '한국학생 밤11시까지 공부 놀랄 일'〉, 2008. 11. 29, 제22면
5. 인발 아리엘리 지음·김한슬기 옮김, 《후츠파》, 안드로메디안, 2020, 92쪽
6. 인발 아리엘리 지음·김한슬기 옮김, 《후츠파》, 안드로메디안, 2020, 92~93쪽
7. 클라우스 슈밥 지음·김민주/이엽 옮김, 《클라우스 슈밥의 제4차 산업혁명》, 메가스터디북스, 2018, 25쪽
8. 〈찾았다 진로!〉, 사교육걱정없는세상, 13쪽
9. 〈찾았다 진로!〉, 사교육걱정없는세상, 12쪽
10. 머니투데이, 〈필요인력 1/3 전기차 잘 팔수록 불안한 노조〉, 2021.7.28
11. 한겨레, 〈엔진 없는 전기차의 역습 2030년 생산직 60%는 사라진다〉, 2021.1.29
12. 서울경제, 〈GM·포드, 인력 줄여 미래차 투자하는데···현대차 노조는 1만 명 충원〉, 2019.5.23
13. 한겨레, 〈엔진없는' 전기차의 역습 2030년 생산직 60%는 사라진다〉, 2021.1.29
14. 머니투데이, 〈필요인력 1/3 전기차 잘 팔수록 불안한 노조〉, 2021.7.28
15. THE SCIENCE TIMES, 〈로봇이 조종하는 항공기 탈 수 있을까?〉, 2019.09.10
16. 클라우스 슈밥 지음·김민주/이엽 옮김, 《클라우스 슈밥의 제4차 산업혁명》, 메가스터디북스, 2018, 72쪽
17. 클라우스 슈밥 지음·김민주/이엽 옮김, 《클라우스 슈밥의 제4차 산업혁명》, 메가스터디북스, 2018, 74쪽
18. 이지성 지음, 《리딩으로 리드하라》, 문학동네, 2010, 64~65쪽
19. 사교육걱정없는세상 지음, 《아깝다 학원비》, 비아북, 2010, 17쪽

20. 임작가 지음, 《완전학습 바이블》, 다산에듀, 51~55쪽

21. 임작가 지음, 《완전학습 바이블》, 다산에듀, 70쪽

22. 사교육걱정없는세상 지음, 《아깝다 학원비》, 비아북, 2010. 11쪽

23. 이경하/김양희, 〈정상 아동의 표현 어휘력과 사회 언어적 요소간의 상관관계연구〉, 1쪽

24. 고영성/신영준 지음, 《완벽한 공부법》, 로크미디어, 2017, 374쪽

25. 신재환 지음, 《챌린지 노마드》, 황금부엉이, 2020, 13~14쪽

26. 신재환 지음, 《챌린지 노마드》, 황금부엉이, 2020, 29쪽 전문전재

27. 한국마케팅신문, 〈김양호 원장의 스피치 '천재적인 선동가' 괴벨스의 스피치, 2015. 3. 20, 월간조선〉 뉴스룸 언론은 '정부의 손 안에 있는 피아노' 정부가 연주해야 한다. 글 배진영, 2018. 7. 10

28. 한겨레 토요판, 〈박태균의 베트남 전쟁 1964년 8월 4일, 북베트남 어뢰 공격은 없었다〉, 2014. 8. 8

29. 네이버 지식백과, 〈이라크전쟁(Iraq War)〉, 두산백과

30. 한겨레, 〈미래&과학 거짓 판치는 '정보전염병' 판별하는 4가지 방법〉, 글 구본권 기자, 2020. 3. 5

31. 주간경향(표지 이야기), 〈가짜뉴스를 구별하는 7가지 기준〉, 글 김태훈 기자, 2018. 10. 22

2장

1. 고희정 지음, 《육아 불변의 법칙》, EBS BOOKS, 2020, 89~90쪽

2. 세계일보, 〈부모가 겪은 가정폭력, 자녀에 대물림된다〉, 이진경 기자 2019. 6. 4

3. 고희정 지음, 《육아 불변의 법칙》, EBS BOOKS, 2020, 111쪽

4. 고희정 지음, 《육아 불변의 법칙》, EBS BOOKS, 2020, 111쪽

5. 최승필 지음, 《공부머리 독서법》, 책구루 출판사, 2018, 168쪽

6. 최승필 지음, 《공부머리 독서법》, 책구루 출판사, 2018, 169쪽

7. 헬스조선, 〈어린이, 수면시간 길수록 IQ 점수 올라간다〉, 글 이금숙 기자, 2021. 6. 30

8. SBS NEWS, 〈10년 새 유방암·전립선암 증가...부족한 잠도 원인〉, 조동찬 의학 전문기자, 취재 박대영, 편집 오노영, 2019.12.24

9. 헬스조선, 〈잘 자면 어린이 두뇌 발달에 좋아〉, 글 한진규 원장

10. 김경미, 염유식, 2015, 〈청소년의 수면시간과 자살충동—평일/주말 수면시간 효과에

대한 성별분석〉, 한국콘텐츠학회 논문지 15(12), 한국콘텐츠학회 발행, 322쪽

11. 데이터솜, 〈한국청소년 수면시간, OECD 평균보다 1시간 가량 적어〉, 장진숙 기자 2020.8.4

12. 데이터솜, 〈한국청소년 수면시간, OECD 평균보다 1시간 가량 적어〉, 장진숙 기자 2020.8.4

13. 〈안심해요 육아!〉, 사교육걱정없는세상, 24~25쪽

14. 고희정 지음, 《육아 불변의 법칙》, EBS BOOKS, 2020, 52~53쪽

15. 고희정 지음, 《육아 불변의 법칙》, EBS BOOKS, 2020, 55~56쪽

16. 고희정 지음, 《육아 불변의 법칙》, EBS BOOKS, 2020, 51~58쪽

17. 고희정 지음, 《육아 불변의 법칙》, EBS BOOKS, 2020, 258~259쪽

18. 장재진 지음, 《초등아이 언어능력》, 카시오페이아 출판사, 2018, 125쪽

19. 최승필 지음, 《공부머리 독서법》, 책구루 출판사, 2018, 199쪽

20. 사교육걱정없는세상, 베이비뉴스 취재팀 외 13인 지음, 《0~7세 공부 고민 해결해드립니다》, 김영사, 2020, 72쪽

3장

1. 동아일보, 〈임정원의 봉주르 에콜 (13) 암기 말고 마음으로 배우기〉, 2018. 12. 28

2. 《민중 한컴 사전》

3. 고희정 지음, 《육아 불변의 법칙》, EBS BOOKS, 2020, 101~102쪽

4. 사교육걱정없는세상, 베이비뉴스 취재팀 외 13인 지음, 《0~7세 공부 고민 해결해드립니다》, 김영사, 2020, 39쪽

5. 사교육걱정없는세상, 베이비뉴스 취재팀 외 13인 지음, 《0~7세 공부 고민 해결해드립니다》, 김영사, 2020, 40쪽

6. 루네퀘리도 지음 · 김훈태 옮김, 《발도르프 공부법 강의》, 유유 출판사, 2017, 83~84쪽

7. 중앙일보, 〈8년째 청소년 사망원인 1위 자살..27%는 '우울감' 경험〉, 황수연 기자 2020.4.27

4장

1. 로널드 F. 퍼거슨/타샤 로버트슨 지음 · 정미나 옮김, 《하버드 부모들은 어떻게 키웠을까》, 웅진지식하우스, 2019, 104쪽
2. 고희정 지음, 《육아 불변의 법칙》, EBS BOOKS, 2020, 246쪽
3. 김보영 지음, 《우리 아이의 읽기, 쓰기, 말하기》, 지식너머, 2018, 69~70쪽
4. 고희정 지음, 《육아 불변의 법칙》, EBS BOOKS, 2020, 104~105쪽
5. 최승필 지음, 《공부머리 독서법》, 책구루 출판사, 2018, 158쪽
6. 고희정 지음, 《육아 불변의 법칙》, EBS BOOKS, 2020, 104~105쪽
7. 최승필 지음, 《공부머리 독서법》, 책구루 출판사, 2018, 159쪽
8. 〈안심해요, 육아!〉, 사교육걱정없는세상, 18~19쪽
9. 로널드 F. 퍼거슨/타샤 로버트슨 지음 · 정미나 옮김, 《하버드 부모들은 어떻게 키웠을까》 웅진지식하우스, 2019, 115쪽
10. 로널드 F. 퍼거슨/타샤 로버트슨 지음 · 정미나 옮김, 《하버드 부모들은 어떻게 키웠을까》 웅진지식하우스, 2019, 103쪽
11. EBS 아이의 사생활 제작팀 지음, 《아이의 사생활》, 지식채널, 2009, 65쪽
12. 고희정 지음, 《육아 불변의 법칙》, EBS BOOKS, 2020, 253~254쪽
13. 고희정 지음, 《육아 불변의 법칙》, EBS BOOKS, 2020, 255~259쪽
14. 이경하 · 김향희, 〈정상 아동의 표현어휘력과 사회, 언어적 요소 간의 상관관계 연구〉, 언어청각장애연구, 2000, 제5권, 제2호, 7쪽
15. EBS 아이의 사생활 제작팀 지음, 《아이의 사생활》, 지식채널, 2009, 162~163쪽
16. EBS 아이의 사생활 제작팀 지음, 《아이의 사생활》, 지식채널, 2009, 119쪽
17. 이경하 · 김향희, 〈정상 아동의 표현어휘력과 사회, 언어적 요소 간의 상관관계 연구〉, 언어청각장애연구, 2000, 제5권, 제2호, 6쪽

 5장

1. EBS 아이의 사생활 제작팀 지음, 《아이의 사생활》, 지식채널, 2009, 77쪽
2. 고희정 지음, 《육아 불변의 법칙》, EBS BOOKS, 2020, 107쪽
3. 연합뉴스, 〈"60세 이상, 하루 4천 보 이상만 걸어도 뇌건강↑"〉, 17.12.22

4. 머니투데이, 〈"지식중심 낡은 교육 버려야 ...4차산업혁명 교육 핵심은 공감"〉, 조해람 기자, 19.12.04

5. 고희정 지음, 《육아 불변의 법칙》, EBS BOOKS, 2020, 186~189쪽

6. 로널드 F. 퍼거슨/타샤 로버트슨 지음 · 정미나 옮김, 《하버드 부모들은 어떻게 키웠을 까》, 웅진지식하우스, 2019, 107~108쪽

7. 고희정 지음, 《육아 불변의 법칙》, EBS BOOKS, 2020, 185쪽

8. 중앙일보, 〈하버드대학 강의는 거의가 토론식...영어 서툴러 고전〉, 김진건 특파원, 1981.09.04.

9. 경인일보, 〈올해 노벨상도 유대인이 휩쓸어…수상자 8명 중 6명〉, 연합뉴스 제공, 2013.10.10

10. "Zobin, Zvi (1996). Breakthrough to Learning Gemora: A concise, analytical guide. Kest-Lebovits. pp. 104 – 106.".

11. 《World Wide Agora》, 155쪽.

12. ISEAS, 편집. (2010년 12월 31일). 《26. Bringing young people together》. Singapore: ISEAS – Yusof Ishak Institute Singapore. 36 – 36쪽. ISBN 978–981–4311–35–9.

13. 전안나 지음, 《초등하루 한 권 책밥 독서법》, 다산에듀, 2020, 232쪽

14. 정옥희 지음, 《아이의 마음을 여는 하브루타 대화법》, 경향피비, 2020, 43쪽

6장

1. 루네퀘리도 지음 · 김훈태 옮김, 《발도르프 공부법 강의》, 유유출판사, 2017, 84쪽

2. 이언 레슬리 지음 · 김승진 옮김, 《큐리어스》, 을유문화사, 2014, 77~85쪽

3. 고영성/신영준 지음, 《완벽한 공부법》, 로크미디어, 366쪽

4. Daily Bizon, 〈맬서스로 돌아본 르완다 학살 25주기〉, 박종호 기자, 2019.4.10

5. 최승필 지음, 《공부머리 독서법》, 책구루 출판사, 2018, 200쪽

6. 고영성 · 신영준 지음, 《완벽한 공부법》, 로크미디어, 317쪽

7. 《초등 하루 한 권 책밥 독서법》, 218쪽

8. "디지털교과서 효과없다" 78%... 5748억 예산 논란, 경향신문, 송현숙 기자, 12.09.24

7장

1. 위키피디아
2. Polsson, Ken (July 29, 2009). "Chronology of Apple Computer Personal Computers". Archived from the original on July 10, 2009. Retrieved August 27, 2009.
3. Elliott, Stuart (March 14, 1995). "The Media Business: Advertising; A new ranking of the '50 best' television commercials ever made". The New York Times. Retrieved January 22, 2014. The choice for the greatest commercial ever was the spectacular spot by Chiat/Day, evocative of the George Orwell novel 1984, that introduced the Apple Macintosh computer during Super Bowl XVIII in 1984.
4. https://www.theguardian.com/books/booksblog/ 2013/sep/09/have-you-ever-lied-about-a-book
5. https://www.joongang.co.kr/article/3204988
6. 루네쾌리도 지음 · 김훈태 옮김, 《발도르프 공부법 강의》, 유유출판사, 2017, 109쪽
7. 이지성 지음, 《리딩으로 리드하라》, 문학동네, 2010, 79쪽
8. 이지성 지음, 《리딩으로 리드하라》, 문학동네, 2010, 75~76쪽
9. 한겨레, 〈'태백산맥' 작가 조정래씨 무혐의 처리키로〉, 2005. 3. 28
10. 이지성 지음, 《리딩으로 리드하라》, 문학동네, 2010, 145~147쪽
11. 루네쾌리도 지음 · 김훈태 옮김, 《발도르프 공부법 강의》, 유유출판사, 2017, 84쪽

8장

1. 김성효 지음, 《초등 공부 독서로 시작해서 글쓰기로 끝내라》, 해냄출판사, 2019, 24~25쪽
2. 송숙희 지음, 《150년 하버드 글쓰기 비법》, 유노북스, 2020, 42쪽
3. 권귀헌 지음, 《초등글쓰기 비밀수업》, 서사원 출판사, 2019, 48~49쪽
4. 고영성/신영준 지음, 《완벽한 공부법》, 로크미디어, 2017, 229~228쪽
5. 가게야마 히데오 지음, 《공부습관 열 살 전에 끝내라》, 길벗스쿨, 2003, 192쪽
6. 윤희솔 지음, 《하루 3줄 초등 글쓰기의 기적》, 청림Life, 2020, 57쪽
7. 윤희솔 지음, 《하루 3줄 초등 글쓰기의 기적》, 청림Life, 2020, 58쪽

8. 송숙희 지음, 《공부습관을 잡아주는 글쓰기》, 교보문고, 2017, 51쪽

9. 송숙희 지음, 《공부습관을 잡아주는 글쓰기》, 교보문고, 2017, 50쪽

10. 윤희솔 지음, 《하루 3줄 초등 글쓰기의 기적》, 청림Life, 2020, 59쪽

11. 윤희솔 지음, 《하루 3줄 초등 글쓰기의 기적》, 청림Life, 2020, 54쪽

12. 김래주 지음, 《아빠, 글쓰기 좀 가르쳐 주세요》, 북네스트, 2016, 91쪽

13. 김래주 지음, 《아빠, 글쓰기 좀 가르쳐 주세요》, 북네스트, 2016, 92쪽

14. EBS 아이의 사생활 제작팀 지음, 《아이의 사생활》, 지식채널, 2009, 102~103쪽

15. 김래주 지음, 《아빠, 글쓰기 좀 가르쳐 주세요》, 북네스트, 2016, 88쪽

16. MBC 뉴스, 뉴스데스크, 《[뉴스플러스] 전자책이냐 종이책이냐…어린이 뇌 영향은?》,
   권순표 기자, 2013. 5. 13

듣기, 말하기, 읽기, 쓰기에 몰입하라

하버드 키즈 상위 1퍼센트의 비밀

초판 1쇄 인쇄 2023년 01월 15일
초판 1쇄 발행 2023년 01월 20일

지은이 남궁용훈
펴낸이 인창수
펴낸곳 태인문화사
신고번호 제2021-000142호(1994년 4월 12일)
주소 경기도 파주시 탄현면 참매미길 234-14, 1403호
전화 031) 943-5736
팩스 031) 944-5736
이메일 taeinbooks@naver.com

©남궁용훈, 2023

ISBN 978-89-85817-60-8 (03590)